NATIONAL KEY PROTECTED WILD PLANTS OF CHINA

国家重点保护野生植物

金效华　周志华　袁良琛　等　主编　第一卷

长江出版传媒

湖北科学技术出版社

图书在版编目（CIP）数据

国家重点保护野生植物 . 第一卷 / 金效华等主编 . —武汉：湖北
科学技术出版社，2023.6（2024.7 重印）

ISBN 978-7-5706-2589-5

Ⅰ．①国…　Ⅱ．①金…　Ⅲ．①野生植物－植物保护－中国

Ⅳ．① Q948.52

中国国家版本馆 CIP 数据核字（2023）第 096756 号

国家重点保护野生植物（第一卷）
GUOJIA ZHONGDIAN BAOHU YESHENG ZHIWU（DI-YI JUAN）

策划编辑：杨瑰玉　刘　亮
责任编辑：刘　亮　刘　芳　曾紫风
责任校对：陈横宇　　　　　　　　　　　　　　　封面设计：张子容　胡　博

出版发行：湖北科学技术出版社
地　　址：武汉市雄楚大街 268 号（湖北出版文化城 B 座 13—14 层）
电　　话：027-87679468　　　　　　　　　　　　邮　编：430070

印　　刷：湖北金港彩印有限公司　　　　　　　　邮　编：430040

880×1230　　　　1/16　　　　　　　15.5 印张　　　　400 千字
2023 年 6 月第 1 版　　　　　　　　　　　2024 年 7 月第 2 次印刷
定　　价：980.00 元（全三卷）

我国是世界上植物多样性最丰富的国家之一，仅高等植物就有3.8万种（含种下等级），其中特有种 15 000~18 000 种。1999年，经国务院批准，国家林业局和农业部发布的《国家重点保护野生植物名录》[以下简称《名录》(第一批)]明确了国家重点保护野生植物范围。时隔 22 年，经国务院批准，2021 年 9 月 7 日，国家林业和草原局、农业农村部发布了调整后的《国家重点保护野生植物名录》（以下简称《名录》），455 种 40 类野生植物，约1101 种列入其中。

为保证《名录》前后的衔接，增加《名录》使用的可操作性、准确性、客观性，减少执法工作中的争论，保证法律的严肃性和公平性，以及为依法强化保护野生植物、打击乱采滥挖及非法交易野生植物、提高公众保护意识等奠定基础，在国家林业和草原局野生动植物保护司、农业农村部科技教育司领导和支持下，中国科学院植物研究所组织全国专家编写了《国家重点保护野生植物》(三卷)，它涵盖《名录》所列物种、亚种和变种，共计 1069 种，并标注了各物种的国家保护级别、CITES 附录和 IUCN 红色名录等级。

本书的主要写作者（括号内为编写分工）如下：洪德元（芍药科）、贾渝（苔藓植物）、张宪春（部分蕨类植物）、董仕勇（桫椤科）、严岳鸿和舒江平（水韭属、水蕨属、石杉属）、蒋日红（马尾杉属）、高连明（红豆杉科、杜鹃花属等）、龚洵和席辉辉及王祎晴（苏铁科、人参属）、孙卫邦（木兰科）、李世晋（豆科红豆属）、王瑞江（茜草科、海人树科）、张志翔（杨柳科、壳斗科）、金效华（兰科植物等）、陈文俐（禾本科）、纪运恒（藜芦科）、齐耀东和赵鑫磊（贝母属）、萨仁（豆科大部分）、杨世雄（山茶科）、刘演（苦苣苔科）、田代科（秋海棠科）、高天刚（菊科）、姚小洪（秤锤树属、猕猴桃属、海菜花属）、李剑武（龙脑香科、漆树科、无患子科、使君子科）、孟世勇和张建强（红景天属）、王婷（观音莲座属）、叶超（松科等部分裸子植物、兜兰属、蔷薇科部分植物）、马崇波（姜科、小檗科、毛茛科）、王翰臣（梧桐属、石竹科、苋科等）、邵冰怡（芸香科）、张天凯（伞形科、列当科等）、王兆琪（桦木科等）等。

本书由金效华、周志华、袁良琛、闫成、陈宝雄进行总审稿，还邀请了王永强（藻类）、陈娟（菌类）、董仕勇（石松类和蕨类）、严岳鸿（石松类和蕨类）、毛康珊（柏科）、张志翔（松科）、高连明（红豆杉科、杜鹃花属）、萨仁（豆科）、李述万（樟科）、白琳（兰花蕉科、姜科）、谢磊（毛茛科）、高信芬（蔷薇科）、陈进明（海菜花属）、郭丽秀（棕榈科）、吴沙沙（独蒜兰属）、杨福生（绿绒蒿属）、田怀珍（金线兰属）、邱英雄（小檗科）、亚吉东（兰科）、李剑武（热带植物）等对部分类群审稿。

本书在编写过程中得到很多专家在物种鉴定、图片提供等方面的大力支持：Allen Lyu（台湾省野生鸟类协会）、Ralf Knapp（法国国家自然历史博物馆）、Holger Perner（北京横断山科技有限公司）、钟诗文（台湾省林业试验所）、张丽兵（美国密苏里植物园）、邵剑文（安徽师范大学）、郭明（陕西长青国家级自然保护区）、陈炳华（福建师范大学）、胡一民（安徽省林业科学研究院）、朱鑫鑫（信阳师范大学）、郑宝江（东北林业大学）、沐先运（北京林业大学）、徐波（中国科学院成都生物研究所）、李策宏（峨眉山生物资源实验站）、王晖（深圳市仙湖植物园）、钟鑫（上海辰山植物园）、顾钰峰（深圳市兰科植物保护研究中心）、安明态（贵州大学）、杨焱冰（贵州大学）、刘念（中国科学院华南植物园）、王瑞江（中国科学院华南植物园）、李恒（中国科学院昆明植物研究所）、李德铢（中国科学院昆明植物研究所）、张挺（中国科学院昆明植物研究所）、亚吉东（中国科学院昆明植物研究所）、李嵘（中国科学院昆明植物研究所）、牛洋（中国科学院昆明植物研究所）、张良（中国科学院昆明植物研究所）、徐克学（中国科学院植物研究所）、陈思思（中国科学院植物研究所）、覃海宁（中国科学院植物研究所）、于胜祥（中国科学院植物研究所）、刘冰（中国科学院植物研究所）、叶超（中国科学院植物研究所）、林秦文（中国科学院植物研究所）、蒋宏（云南省林业和草原科学院）、郑希龙（海南大学）、宋希强（海南大学）、李健玲（中南林业科技大学）、朱大海（四川卧龙国家级自然保护区管理局）、孙明洲（东北师范大学）、黄云峰（广西中医药研究院）、许敏（西藏自治区林业调查规划研究院）、杨宗宗（自然里植物学社）、陈娟（中国医学科学院药用植物研究所）、赵鑫磊（中国医学科学院药用植物研究所）、易思荣（重庆三峡医药高等专科学校）、张贵良（云南大围山国家级自然保护区）、袁浪兴（中国热带农业科学院）、黄明忠（中国热带农业科学院）、施金竹（贵州大学）、李攀（浙江大学）、黎斌（西安植物园）、宋希强（海南大学）、许为斌（中国科学院广西植物研究所）、朱瑞良（华东师范大学）、向建英（西南林业大学）、张成（吉首大学）、张丽丽（西藏自治区农牧科学院蔬菜研究所）、图力古尔（吉林农业大学）、王向华（中国科学院昆明植物研究所）、王永强（中国科学院海洋研究所）、王苗苗（国家植物园）等，李爱莉负责绘制线条图。这里对他们的支持表示衷心的感谢！

本书石松和蕨类植物的分类系统采用 PPG I，被子植物分类系统采用 APG IV。物种的学名主要依据《中国生物物种名录·第一卷 植物》，并参考最近的研究进展进行了调整，如苏铁属、人参属、重楼属等的物种界定；物种的濒危状况依据《中国高等植物 IUCN 红色名录》（覃海宁等，2017）。标 * 的物种，由农业农村部主管。

近 20 年来，许多类群，如兰属、石斛属、兜兰属等，发表了 200 多个新物种以及中国新记录种，由于大部分新种基于温室栽培材料等发表，自然分布区不明，或者与近缘物种区别特征不明显，本次暂不收录部分这样的新类群。

《国家重点保护野生植物》 编委会

2023 年 5 月

国家重点保护野生植物

（第一卷）

藻 类

Algae

马尾藻科 Sargassaceae — 念珠藻科 Nostocaceae

▼

硇洲马尾藻

（马尾藻科　Sargassaceae）

Sargassum naozhouense Tseng et Lu

国家重点保护级别	CITES 附录	IUCN 红色名录
二级		

▶**形态特征**　藻体灰褐色，中等大小，高约 6 cm。固着器为圆盘状。主干较短，圆柱形，光滑。主枝数条，从主干顶部长出，圆柱形，光滑；具有黑色腺点。分枝从主枝的叶腋间长出，小枝从分枝的叶腋中长出，密生藻叶、气囊和生殖托，小枝上有黑色的腺点。基部藻叶较厚，长披针形、线形；边缘全缘，顶端钝；基部为长楔形；中肋不贯顶；毛窝少量，不规则分散在叶各处，基部具有圆柱形短柄。气囊球形，或卵圆形；表面光滑；顶端圆形，大多数无细尖；没有毛窠；囊柄丝状。雌雄异株。雌生殖托和雄生殖托都是圆柱形，表面光滑，没有锯齿，基部具有圆柱形柄，单个或具有分枝；大多数单生或 2～3 个组成简单托聚，总状排列，着生在小枝叶腋间。雄托长 4～5 mm，直径为 0.2～0.4 mm；雌托长 3～4 mm，直径为 0.3～0.5 mm。叶托混生，生殖托上常常生出气囊或小叶，尤其是雌托较为普遍。

▶**分　　布**　广东。

▶**生　　境**　生于低潮岩石上。

▶**用　　途**　食用、药用。

▶**致危因素**　过度采集。

黑叶马尾藻

（马尾藻科　Sargassaceae）

Sargassum nigrifolioides Tseng et Lu

国家重点保护级别	CITES 附录	IUCN 红色名录
二级		

▶**形态特征**　藻体黑褐色，中等大小，高可达 50 cm。固着器为圆锥形或亚圆锥形。主干较短，圆柱形，具有一至二回叉状分枝。初生分枝从分枝的主干顶端长出，扁平，宽 2 ~ 3 mm，明显地扭转，局部呈不规则棱形，边缘光滑，无齿状突起。侧枝从初生分枝的叶腋间长出，形状和初生分枝相似但比初生分枝短，上生气囊、藻叶和生殖托。藻体基部藻叶明显地反曲，披针形，边缘全缘，长 5 ~ 6 cm，宽 1 ~ 1.5 cm，黑褐色，革质，较厚，顶端钝圆，基部楔形；上部藻叶比较小，通常为长披针形或线形，大多数边缘全缘，少数为波状或具浅锯齿；藻叶都具有中肋，大多数贯顶，没有毛窝；气囊椭球形或卵形，顶端冠以细尖或丝状小叶，表面光滑，没有毛窝。雌雄异体；雌托扁平，倒卵形或宽匙形，边缘光滑，顶端具有不规则的波状齿；雄托扁平，多数为长匙形，表面光滑，顶端具有凹口。生殖托大多数单生，少数由 2 ~ 3 个组成简单托聚，着生在小枝的叶腋间，整个生殖托小枝构成圆锥形的托聚。生殖托 5 月下旬开始出现，6 月以后成熟。

▶**分　　布**　浙江南麂岛。

▶**生　　境**　生于低潮带附近的岩石上和石沼中。

▶**用　　途**　食用。

▶**致危因素**　过度采集。

鹿角菜

Silvetia siliquosa (Tseng et Chang) Serrao, Cho, Boo et Brewley

国家重点保护级别	CITES 附录	IUCN 红色名录
二级		

▶**形态特征**　藻体线形，高可达 14.5 cm，但一般只 6 ~ 7 cm。藻体软骨质，无气囊，新鲜时为黄橄榄色，干燥时变黑。基部固着器为圆锥形，幅宽 5 ~ 7 mm。每个固着器生长 1 个叶状体。"柄部"呈亚圆柱形，甚短，一般只长 1 mm，长 3 ~ 4 mm 的少见，其上叉状分枝 2 ~ 8 次。雌雄同株。生殖托常间生，多具明显的柄；生殖托内生殖窝雌雄同窝；成熟的生殖托为长角果形，表面具明显的结节状突起，长 2 ~ 3 cm，有时可达 4.5 cm。

▶**分　　布**　山东、辽宁。

▶**生　　境**　生于中潮带岩石上。

▶**用　　途**　食用、药用。

▶**致危因素**　过度采集。

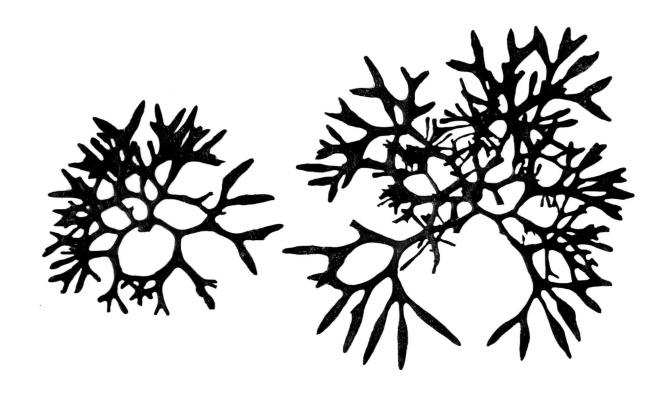

耳突卡帕藻

（红翎菜科　Solieriaceae）

Kappaphycus cottonii Weber-van Bosse

国家重点保护级别	CITES 附录	IUCN 红色名录
二级		

▶**形态特征**　藻体匍匐生长，重叠形成团块，直径可达 20～25 cm，藻体背腹明显，分枝不规则，枝与枝有互相愈合的现象。藻体一面及边缘密密地覆盖着连生成耳状的乳突，另一面光滑无突起；藻体颜色因生长的潮带、阶段而异，一般为紫红色或稍带黄色。藻体肉质，干后变为硬软骨质；藻体内部横切面观，髓部中央无假根丝体，在大的薄壁细胞之间散布着数量较多的小细胞。四分孢子囊散生于皮层细胞中，切面观卵球形或宽圆柱形，囊周皮层细胞明显变态延长。囊果直接生于藻体表面的球形突起中，突起无柄，顶部较平，下陷为囊果孔；囊果纵切面观，中央为一个大的融合胞，产孢丝的顶端产生果孢子囊。

▶**分　　布**　海南（海南岛、西沙群岛）；坦桑尼亚、菲律宾、关岛。

▶**生　　境**　生于低潮线下 1～2 m 深处的碎珊瑚上。

▶**用　　途**　食用。

▶**致危因素**　未知。

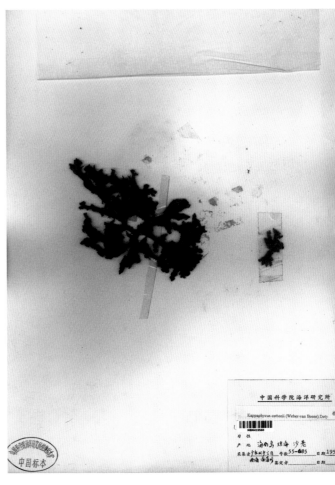

发菜

Nostoc flagelliforme Born. et Flah.

（念珠藻科　Nostocaceae）

国家重点保护级别	CITES 附录	IUCN 红色名录
一级		

▶**形态特征**　藻体毛发状，丛生，平直或弯曲，棕色，干后呈棕黑色，遇水时或在湿润条件下显绿褐色或棕色。藻丝在鞘内通常平行排列。细胞球形或略呈长球形，直径为 5 ~ 6 μm，内含物呈蓝绿色。异形胞端生或间生，球形，直径为 6 ~ 7 μm。繁殖孢球形，略大于营养细胞。

▶**分　　布**　内蒙古、新疆、宁夏、青海、甘肃；俄罗斯、蒙古、捷克、斯洛伐克、法国、美国、墨西哥、摩洛哥、索马里、阿尔及利亚。

▶**生　　境**　生于沙漠或贫瘠土壤中。

▶**用　　途**　食用、药用。

▶**致危因素**　过度采集。

国家重点保护野生植物

（第一卷）

真　菌

Eumycophyta

线虫草科　Ophiocordycipitaceae — 块菌科　Tuberaceae

虫草（冬虫夏草） （线虫草科　Ophiocordycipitaceae）

Ophiocordyceps sinensis (Berk.) G.H. Sung, J.M. Sung, Hywel-Jones & Spatafora

国家重点保护级别	CITES 附录	IUCN 红色名录
二级		易危（VU）

▶**形态特征**　虫草菌和蝙蝠蛾科幼虫的复合体，由虫体与从虫头部长出的真菌子座相连而成。虫体形如蚕，幼时内部中间充塞，成熟后则空虚，柄基部留在上与幼虫头部相连，幼虫深黄色，细长圆柱形，有 20 ~ 30 个环节，长 3 ~ 5 cm，表面深黄色至黄棕色，头部红棕色，近头部的环纹较细；足 8 对，中部 4 对较明显；质脆，易折断，断面略平坦，淡黄白色，气微腥，微臭，味微苦。

▶**分　　布**　西藏、青海、甘肃、四川、云南；缅甸。

▶**生　　境**　生于海拔 3000 m 以上的森林草甸或草坪。

▶**用　　途**　药用。

▶**致危因素**　过度采集。

蒙古口蘑

（口蘑科　Tricholomataceae）

Leucocalocybe mongolica (S. Imai) X.D. Yu & Y.J. Yao

国家重点保护级别	CITES 附录	IUCN 红色名录
二级		

▶**形态特征**　子实体为白色，中等大小至较大，菌盖宽 5 ~ 17 cm，半球形至扁平状，白色，光滑，初始边缘向内卷起，菌肉色白，比较厚，有浓郁的香味。菌褶白色，浓密，弯曲，不等长，菌柄粗，色白，长 3.5 ~ 7 cm，粗 1.5 ~ 4.6 cm，内实，基部稍大，孢子印白色，孢子无色，光滑，椭球形，（6 ~ 9.5）μm ×（3.5 ~ 4）μm。

▶**分　　布**　河北、内蒙古（锡林郭勒盟与呼伦贝尔地区）、黑龙江、吉林、辽宁。

▶**生　　境**　未知。

▶**用　　途**　食用、药用。

▶**致危因素**　过度采集。

松口蘑（松茸）

（口蘑科　Tricholomataceae）

Tricholoma matsutake (S. Zto et Lmai) Sing

国家重点保护级别	CITES 附录	IUCN 红色名录
二级		

▶**形态特征**　形若伞状，菌盖直径 5～20 cm，半球至平展，污白色，密被黄褐色至栗褐色平伏的茸毛状鳞片，表面干燥。菌肉肥厚，白色。菌褶白色或稍带乳黄色，较密，不等长。菌柄粗壮，长 6～20 cm，直径 1～3 cm；菌环以上污白色并有粉粒，菌环以下具栗褐色纤毛状鳞片，内实，基部略膨大。菌环丝膜状，生于菌柄的上部，上面白色，下面与菌柄同色。孢子印呈白色。

▶**分　　布**　黑龙江、吉林、辽宁、四川、西藏、云南；日本；朝鲜半岛。

▶**生　　境**　生于海拔 3500 m 以上的高山林地、针叶林或针阔混交林地。

▶**用　　途**　食用、药用。

▶**致危因素**　过度采集。

中华夏块菌

（块菌科　Tuberaceae）

Tuber sinoaestivum J.P. Zang & P.G. Liu

国家重点保护级别	CITES 附录	IUCN 红色名录
二级		

▶**形态特征**　子囊果为不规则球状或近球状，新鲜时为黑色，表面有多边形疣突覆盖。包被两层，外包被由拟薄壁组织构成；内包被由交错的菌丝构成。产孢组织成熟后为褐色，菌脉为灰色或白色，分支呈大理石样花纹。子囊椭球形或近球形，内含 1～6（～7）个孢子。子囊孢子球形至近球形，为［（17～）20～41（～47）］μm×［（15～）17～30（～35）］μm，成熟时为棕黄色，表面具网格状纹饰；孢子横径上有 1～3 个网眼，纵径上有 2～4 个网眼。

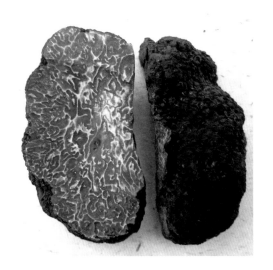

▶**分　　布**　四川、云南。

▶**生　　境**　生于海拔 2000～2300 m 的华山松林下。

▶**用　　途**　食用。

▶**致危因素**　生境破碎化、过度采挖。

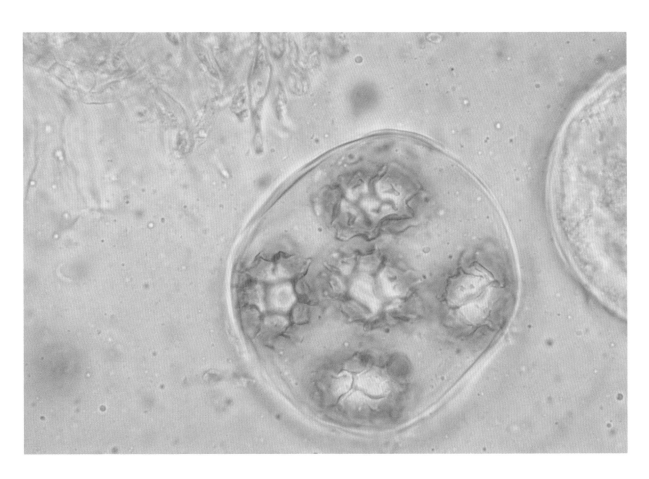

国家重点保护野生植物

（第一卷）

苔藓植物

Bryophytes

白发藓科　Leucobryaceae — 藻苔科　Takakiaceae

▼

桧叶白发藓

（白发藓科　Leucobryaceae）

Leucobryum juniperoideum (Brid.) Müll. Hal.

国家重点保护级别	CITES 附录	IUCN 红色名录
二级		无危（LC）

▶**形态特征**　植物体为灰绿色，密集垫状丛生。茎直立或分枝，高 2~3 cm。叶片卵状披针形，干时略皱缩，湿时直立展出或略呈镰刀状弯曲，长 5~7 mm，宽 1~2 mm，基部卵形，稍短于上部，上部狭披针形，有时内卷呈管状，叶边全缘；中肋背部平滑，中央 1 层绿色细胞，腹面无色细胞 1~2 层，背面无色细胞 3~4 层；叶边具 2~3 列线形细胞，基部具方形或长方形细胞 5~10 列。

▶**分　　布**　山东、上海、浙江、江苏、江西、湖南、湖北、四川、重庆、贵州、云南、福建、台湾、广东、海南、香港、澳门；亚洲热带和亚热带地区。

▶**生　　境**　生于阔叶林下树干或土面上。

▶**用　　途**　用于园艺栽培。

▶**致危因素**　生境破碎化或丧失、自然种群小、过度商业性采集。

多纹泥炭藓

Sphagnum multifibrosum X.J. Li et M. Zang

（泥炭藓科　Sphagnaceae）

国家重点保护级别	CITES 附录	IUCN 红色名录
二级		无危（LC）

▶**形态特征**　植株体形粗壮，淡绿色带黄色，高达 10 cm 以上，往往成大面积丛生。茎和枝的表皮细胞密被螺纹及水孔。茎叶扁平，长舌形（长为宽的 2 倍以上），先端圆钝，顶端细胞往往销蚀成不规则锯齿状，叶缘具白边；茎叶无色细胞呈长菱形至蠕虫形，密被螺纹及水孔。枝叶阔卵状圆形，强烈内凹呈瓢状，先端圆钝，边缘内卷呈兜形；枝叶无色细胞呈不规则长菱形，密被螺纹，背面角隅处常具半圆形对孔，腹面稀具孔，绿色细胞在枝叶横切面呈等腰三角形，靠近叶片腹面，背面全为无色细胞所包被。

▶**分　　布**　黑龙江、福建、贵州、四川、云南、西藏。

▶**生　　境**　生于海拔 1800 ~ 3200 m 的山地沼泽、高山杜鹃云杉林及水湿的岩壁上。

▶**用　　途**　用作园艺栽培基质。

▶**致危因素**　生境破碎化或丧失、自然种群小、过度商业性采集。

粗叶泥炭藓

（泥炭藓科　Sphagnaceae）

Sphagnum squarrosum Crome in Hopp.

国家重点保护级别	CITES 附录	IUCN 红色名录
二级		无危（LC）

▶**形态特征**　植物体较粗壮，呈黄绿或黄棕色。茎横切面皮部由 2～4 层细胞组成，表皮细胞薄壁，常具水孔，中轴部分呈黄橙色或翠绿、淡绿色。茎叶大，呈舌形，先端圆钝，顶端细胞往往销蚀而破裂形成齿状，叶缘具白色分化狭边；茎叶上部无色细胞宽菱形，无纹孔，有时具分隔，下部无色细胞呈狭长菱形，有时具螺纹痕迹，具大型水孔。每枝丛具 4～5 枝，其中 2～3 枝为强枝，粗壮倾立。枝叶呈阔卵状披针形，内凹呈瓢状，先端渐狭，强烈背仰，叶边内卷，顶部钝头，具齿；枝叶无色细胞密被螺纹，位于腹面上部的细胞具厚边小圆孔，中下部细胞具多数半椭圆形对孔；位于背面上部的细胞具前角孔，中下部细胞具多数对孔，渐近基部孔越多。在枝叶横切面上绿色细胞呈梯形，靠近叶片背面，但背腹面均裸露。雌雄同株，雄枝绿色，雄苞叶较枝叶为小；雌枝往往延伸甚长，雌苞叶较大，呈阔舌形，边缘具长内卷。孢子黄色，具细疣。

▶**分　　布**　黑龙江、吉林、内蒙古、新疆、四川、贵州、云南；印度、朝鲜、日本；格陵兰、中亚、欧洲、非洲、北美洲。

▶**生　　境**　生于林下积水处、湿地及沼泽中，偶见于阴湿林下腐木上。

▶**用　　途**　用于园艺栽培。

▶**致危因素**　生境破碎化或丧失、自然种群小、过度商业性采集。

角叶藻苔

Takakia ceratophylla (Mitt.) Grolle

国家重点保护级别	CITES 附录	IUCN 红色名录
二级		极危（CR）

▶**形态特征**　植物体直立，纤细，高 1 ~ 2 cm。叶不规则螺旋状着生于茎上，呈（2 ~ ）3 ~ 4 指状深裂至叶基部，叶裂瓣为圆柱形，细胞较小，细胞壁明显加厚，叶中部横切面表皮细胞常超过 15 个，中间细胞常超过 10 个。孢蒴呈长梭形，具蒴柄，成熟时一侧斜向不完全纵裂，明显扭曲。孢蒴内无蒴齿，无弹丝。孢子为四分体，表面具不规则的粗疣。

▶**分　　布**　云南、西藏；印度北部及北美洲（阿留申群岛）。

▶**生　　境**　生于高山林地、灌丛下岩壁、林下。

▶**用　　途**　系统学位置特殊，具有重要的科研价值。

▶**致危因素**　生长于特殊生境中、野外分布点少、自然种群小。

藻苔

Takakia lepidozioides Hatt. et Inoue

国家重点保护级别	CITES 附录	IUCN 红色名录
二级		濒危（EN）

▶**形态特征**　植物体茎叶分化，直立，纤弱，高 1 ~ 2 cm。叶在茎上呈螺旋状排列，呈（2 ~）3 ~ 4 指状深裂，裂瓣为细长圆柱形，由大型薄壁细胞构成，叶中部横截面表皮常有 6 ~ 10 个细胞，中间仅 1 ~ 2 个细胞。雌雄异株。孢蒴呈长梭形，具蒴柄，成熟时一侧斜向不完全纵裂，明显扭曲。孢子为四分体，表面具弯曲的粗糙脊状纹饰；无弹丝。

▶**分　　布**　西藏；尼泊尔、印度尼西亚（加里曼丹岛）、日本及北美西北部沿海岛屿。

▶**生　　境**　生于 3600 ~ 3800 m 的灌丛林地。

▶**用　　途**　系统学位置特殊，具有重要的科研价值。

▶**致危因素**　生长于特殊生境中、野外分布狭窄、自然种群小。

国家重点保护野生植物

（第一卷）

石松类和蕨类植物

Lycophytes and Ferns

石松科　Lycopodiaceae ― 水龙骨科　Polypodiaceae

▼

伏贴石杉

（石松科　Lycopodiaceae）

Huperzia appressa (Bach.Pyl. ex Desv.) Á. Löve & D. Löve

国家重点保护级别	CITES 附录	IUCN 红色名录
二级		

▶**形态特征**　陆生植物。茎直立或斜生，高 3 ~ 10 cm，直径 1 ~ 2 mm，一至二回二叉分枝，枝上部常具芽孢。叶密生，向上或与茎呈直角，有光泽，叶披针形，基部与中部宽近相等，革质或纸质，两面无毛；中脉在叶片近轴面不明显，远轴面稍可见。基部截形，下延，无柄，边缘全缘，先端锐尖。孢子叶与营养叶同形；孢子囊不可见或在孢子叶两侧可见，淡黄色，肾形。

▶**分　　布**　吉林、陕西、四川、台湾、西藏、云南。

▶**生　　境**　生于海拔 2300 ~ 5000 m 的高山草甸、石缝。

▶**用　　途**　药用。

▶**致危因素**　生境退化或丧失、过度利用。

亚洲石杉

（石松科　Lycopodiaceae）

Huperzia asiatica (Ching) N. Shrestha & X.C. Zhang

国家重点保护级别	CITES 附录	IUCN 红色名录
二级		

▶**形态特征**　多年生土生植物。茎直立或斜生，高 12 ~ 15 cm，中部直径约 2.5 mm，枝连叶宽 0.9 ~ 1.4 cm，二至三回二叉分枝，枝上部常有芽孢。叶螺旋状排列，密生，反折，披针形，向基部略变狭，通直，长 5 ~ 9 mm，宽约 1.2 mm，基部楔形，下延，无柄，先端急尖或渐尖，边缘平直不被曲，先端有稀疏尖齿，两面光滑，有光泽，中脉仅背面明显，薄草质。孢子叶与营养叶同形；孢子囊生于孢子叶的叶腋，由于孢子叶反折而露出，肾形，黄色。

▶**分　　布**　吉林。

▶**生　　境**　生于海拔 1800 m 以下的林下苔藓丛中。

▶**用　　途**　药用。

▶**致危因素**　生境退化或丧失、过度利用。

曲尾石杉

（石松科　Lycopodiaceae）

Huperzia bucahwangensis Ching

国家重点保护级别	CITES 附录	IUCN 红色名录
二级		

▶**形态特征**　多年生附生植物。茎直立或斜生，高 14 ~ 20 cm，中部直径 1.5 ~ 2 mm，枝连叶宽 1.7 ~ 2 cm，二至五回二叉分枝，枝上部常有芽孢。叶螺旋状排列，疏生，平伸，钻形，向基部不变狭，基部最宽，镰状向上弯曲，长 0.9 ~ 1.1 cm，基部宽约 0.7 mm，基部截形，下延，无柄，先端渐尖，具浅色尖头，边缘平直不皱曲，全缘，两面光滑，无光泽，中脉不明显，薄草质。孢子叶与营养叶同形；孢子囊生于孢子叶的叶腋，露出孢子叶外，肾形，黄色。

▶**分　　布**　云南（金平）。

▶**生　　境**　生于海拔 2300 ~ 2500 m 的苔藓丛中。

▶**用　　途**　药用。

▶**致危因素**　生境退化或丧失、过度利用。

中华石杉

Huperzia chinensis (Christ) Ching

国家重点保护级别	CITES 附录	IUCN 红色名录
二级		近危（NT）

▶**形态特征**　多年生土生植物。茎直立或斜生，高 10～16 cm，中部直径 1.2～2 mm，枝连叶宽 1～1.3 cm，二至四回二叉分枝，枝上部常有芽胞。叶螺旋状排列，疏生，平伸，披针形，向基部不变狭，基部最宽，通直，长 4～6 mm，基部宽约 1.2 mm，基部截形，下延，无柄，先端渐尖，边缘平直不皱曲，全缘，两面光滑，无光泽，中脉不明显，草质。孢子叶与不育叶同形；孢子囊生于孢子叶腋，两侧略露出，肾形，黄色。

▶**分　　布**　安徽、四川、陕西、甘肃。

▶**生　　境**　生于海拔 2000～4200 m 的草坡、岩石缝中。

▶**用　　途**　药用。

▶**致危因素**　生境退化或丧失、过度利用。

赤水石杉

（石松科 Lycopodiaceae）

Huperzia chishuiensis X.Y. Wang et P.S. Wang

国家重点保护级别	CITES 附录	IUCN 红色名录
二级		数据缺乏（DD）

▶**形态特征** 多年生土生植物。茎直立或斜生，高 8 ~ 16 cm，中部直径 1 mm，枝连叶宽 1.5 ~ 2 cm，一至二回二叉分枝，枝上部常有芽胞。叶螺旋状排列，密生，平伸，狭椭圆状披针形，向基部明显变狭，通直，长 6 ~ 7 mm，宽 0.7 ~ 1.8 mm，基部楔形，下延，有柄，先端急尖，边缘平直不皱曲，上部边缘有不明显微齿，两面光滑，无光泽，背面近平展，中脉不明显，草质。孢子叶与不育叶同形，但较小；孢子囊生于孢子叶腋，两侧外露，肾形，黄绿色。

▶**分　　布** 贵州（赤水）。

▶**生　　境** 生于海拔 1400 ~ 1500 m 的苔藓丛中。

▶**用　　途** 药用。

▶**致危因素** 生境退化或丧失、过度利用。

皱边石杉

（石松科　Lycopodiaceae）

Huperzia crispata (Ching) Ching

国家重点保护级别	CITES 附录	IUCN 红色名录
二级		易危（VU）

▶**形态特征**　多年生土生植物。茎直立或斜生，高 16～32 cm，中部直径 2～3.5 mm，枝连叶宽 2～3.5 cm，二至四回二叉分枝，枝上部常有芽胞。叶螺旋状排列，疏生，平伸，狭椭圆形或倒披针形，向基部明显变狭，通直，长 1.2～2 cm，宽 2～3.5 mm，基部楔形，下延，有柄，先端急尖，边缘皱曲，有粗大或略小而不整齐的尖齿，两面光滑，有光泽，中脉突出明显，薄革质。孢子叶与不育叶同形；孢子囊生于孢子叶的叶腋，两端露出，肾形，黄色。

▶**分　　布**　湖北、湖南、重庆、四川、贵州、云南。

▶**生　　境**　生于海拔 900～2600 m 的林下阴湿处。

▶**用　　途**　药用。

▶**致危因素**　生境退化或丧失、过度利用。

苍山石杉

（石松科　Lycopodiaceae）

Huperzia delavayi (Christ ex Herter) Ching

国家重点保护级别	CITES 附录	IUCN 红色名录
二级		数据缺乏（DD）

▶**形态特征**　多年生地生植物。茎直立或斜生，高 6～14 cm，中部直径约 2 mm，枝连叶宽 0.7～1.2 cm，二至三回二叉分枝，枝上部常有芽胞。叶螺旋状排列，密生，反折或平伸，卵状披针形，向基部明显变狭，通直，长 4～9 mm，宽 1.5～2 mm，基部楔形，下延，无柄，先端急尖，边缘平直不皱曲，上部边缘有不明显微齿，两面光滑，有光泽，背面弓形，中脉不明显，革质。孢子叶与不育叶同形；孢子囊生于孢子叶的叶腋，略露出孢子叶外或不显，肾形，黄绿色。

▶**分　　布**　云南西部、西藏南部。

▶**生　　境**　生于海拔 2900～3800 m 的山脊杜鹃林下，苔藓丛中，树干、岩石或草地上。

▶**用　　途**　药用。

▶**致危因素**　生境退化或丧失、过度利用。

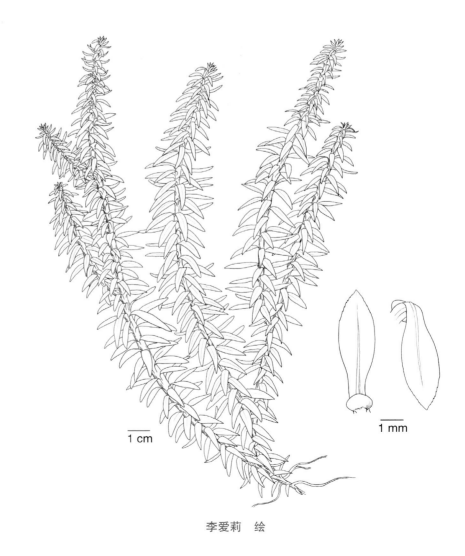

1 cm

1 mm

李爱莉　绘

峨眉石杉

（石松科　Lycopodiaceae）

Huperzia emeiensis (Ching et H.S. Kung) Ching et H.S. Kung

国家重点保护级别	CITES 附录	IUCN 红色名录
二级		数据缺乏（DD）

▶**形态特征**　多年生地生植物。茎直立或斜生，高 6 ~ 12 cm，中部直径 1 ~ 1.5 mm，枝连叶宽 1 ~ 1.5 cm，二至四回二叉分枝，枝上部常有很多芽胞。叶螺旋状排列，密生，反折，平伸或斜向上，线状披针形，基部与中部近等宽，近通直，长 6 ~ 11 mm，宽约 0.8 mm，基部截形，下延，无柄，先端渐尖，边缘平直不皱曲，全缘，两面光滑，无光泽，中脉不明显，草质。孢子叶与不育叶同形；孢子囊生于孢子叶的叶腋，外露或两端露出，肾形，黄色。

▶**分　　布**　湖北、重庆、四川、云南。

▶**生　　境**　生于海拔 800 ~ 2800 m 的林下湿地、山谷河滩灌丛中、山坡沟边石上或树干上。

▶**用　　途**　药用。

▶**致危因素**　生境退化或丧失、过度利用。

锡金石杉

（石松科 Lycopodiaceae）

Huperzia herteriana (Kümmerle) T. Sen & U. Sen

国家重点保护级别	CITES 附录	IUCN 红色名录
二级		数据缺乏（DD）

▶**形态特征** 多年生土生植物。茎直立或斜生，高 4 ~ 19 cm，中部直径 1.5 ~ 2.5 mm，枝连叶宽 1 ~ 1.5 cm，二至四回二叉分枝，枝上部有芽胞。叶螺旋状排列，密生，反折，倒披针形，向基部明显变狭，通直，长 5 ~ 9 mm，宽约 1.2 mm，基部楔形，下延，无柄，先端急尖或渐尖，边缘平直不皱曲，先端有啮蚀状小齿或全缘，两面光滑，有光泽，中脉不明显，薄革质。孢子叶与不育叶同形；孢子囊生于孢子叶的叶腋，两端露出，肾形，黄色。

▶**分　布** 四川、贵州、云南、西藏、广西。

▶**生　境** 生于海拔 1600 ~ 3900 m 的林下阴湿处、苔藓丛中。

▶**用　途** 药用。

▶**致危因素** 生境退化或丧失、过度利用。

长柄石杉

（石松科　Lycopodiaceae）

Huperzia javanica (Sw.) C.Y. Yang

国家重点保护级别	CITES 附录	IUCN 红色名录
二级		

▶**形态特征**　土生植物。茎直立，等二叉分枝。不育叶疏生，平伸，阔椭圆形至倒披针形，基部明显变窄，长 10 ~ 25 mm，宽 2 ~ 6 mm，叶柄长 1 ~ 5 mm。孢子叶稀疏，平伸或稍反卷，椭圆形至披针形，长 7 ~ 15 mm，宽 1.5 ~ 3.5 mm。

▶**分　　布**　广西、西藏、海南、贵州、重庆、湖北、湖南、广东、云南、澳门、香港、四川、甘肃、陕西、新疆、青海、台湾、宁夏。

▶**生　　境**　生于海拔 300 ~ 1200 m 的林下、路边。

▶**用　　途**　药用。

▶**致危因素**　生境退化或丧失、过度利用。

康定石杉

Huperzia kangdingensis (Ching) Ching

（石松科 Lycopodiaceae）

国家重点保护级别	CITES 附录	IUCN 红色名录
二级		数据缺乏（DD）

▶**形态特征** 多年生土生植物。茎直立或斜生，高达 27 cm，中部直径 3 mm，枝连叶宽 1.7 ~ 2.2 cm，二至三回二 叉分枝，枝上部常有芽胞。叶螺旋状排列，强度反折或略反折， 绒状披针形，向基部不变狭，镰状弯曲，长 8 ~ 15 mm，宽 0.5 ~ 0.9 mm，基部近截形，下延，无柄，先端渐尖，边缘平直不皱曲， 上部边缘疏生少数小尖齿，两面光滑，有光泽，中脉背面不 明显，腹面突出，明显，革质。孢子叶与不育叶同形；孢子 囊生于孢子叶的叶腋，两端露出，肾形，黄色。

▶**分　布** 四川西部、云南东北部。

▶**生　境** 生于海拔 1300 ~ 2500 m 的林下湿地或石壁上。

▶**用　途** 药用。

▶**致危因素** 生境退化或丧失、过度利用。

昆明石杉

（石松科　Lycopodiaceae）

Huperzia kunmingensis Ching

国家重点保护级别	CITES 附录	IUCN 红色名录
二级		数据缺乏（DD）

▶**形态特征**　多年生土生植物。茎直立或斜生，高 4 ~ 17 cm，中部直径 1.5 ~ 2 mm，枝连叶宽约 1 cm，二至四回二叉分枝，枝上部常有芽胞。叶螺旋状排列，密生或疏生，斜向上，狭椭圆状披针形，向基部明显变狭，通直，长 4 ~ 9 mm，宽 1.1 ~ 1.5 mm，基部楔形，下延，无柄，先端渐尖，边缘平直不皱曲，上部边缘有疏细齿或近全缘，两面光滑，无光泽，背面近平展，中脉腹面不明显，背面略突出，薄草质。孢子叶与不育叶同形；孢子囊生于孢子叶的叶腋，略露出孢子叶外，肾形，黄色。

▶**分　　布**　广西、云南、贵州。

▶**生　　境**　生于海拔 1200 ~ 2100 m 的山谷溪边。

▶**用　　途**　药用。

▶**致危因素**　生境退化或丧失、过度利用。

雷波石杉

（石松科　Lycopodiaceae）

Huperzia laipoensis Ching

国家重点保护级别	CITES 附录	IUCN 红色名录
二级		数据缺乏（DD）

▶**形态特征**　多年生土生植物。茎直立或斜生，高约 10 cm，中部直径约 2 mm，枝连叶宽 1.6~2 cm，二至三回二叉分枝，枝上部常有芽胞。叶螺旋状排列，疏生，披针形，基部与中部近等宽，略弯曲，长 7~10 mm，宽约 1 mm，基部截形，下延，无柄，先端渐尖，边缘平直不弯曲，全缘，两面光滑，无光泽，中脉背面不明显，腹面略突出，草质。孢子叶与不育叶同形；孢子囊生于孢子叶的叶腋，略外露，肾形，灰绿色。

▶**分　　布**　四川（雷波）。

▶**生　　境**　生于海拔 2300~2400 m 的林下湿地或树干上。

▶**用　　途**　药用。

▶**致危因素**　生境退化或丧失、过度利用。

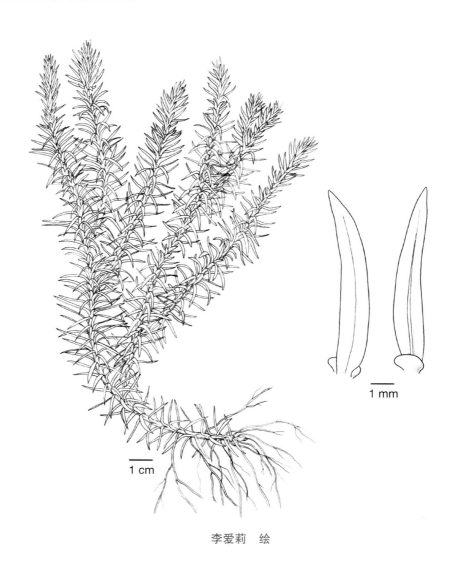

李爱莉　绘

拉觉石杉

（石松科　Lycopodiaceae）

Huperzia lajouensis Ching

国家重点保护级别	CITES 附录	IUCN 红色名录
二级		数据缺乏（DD）

▶**形态特征**　多年生土生植物。茎直立或斜生，高不及 8 cm，中部直径约 1.5 mm，枝连叶宽 0.5 ~ 1 cm，二至三回二叉分枝，枝上部常有芽胞。叶螺旋状排列，密生，上折，斜上抱茎，披针形，向基部略变狭，通直，长 4 ~ 7 mm，宽约 1 mm，基部楔形，下延，无柄，先端急尖或渐尖，边缘平直不皱曲，先端具微齿，两面光滑，有光泽，中脉仅背面明显，薄草质。孢子叶与不育叶同形；孢子囊生于孢子叶的叶腋，由于孢子叶反折而露出，肾形，黄色。

▶**分　　布**　西藏（察隅）。

▶**生　　境**　生于海拔 3400 ~ 4000 m 的湿地。

▶**用　　途**　药用。

▶**致危因素**　生境退化或丧失、过度利用。

雷山石杉

Huperzia leishanensis X.Y. Wang

国家重点保护级别	CITES 附录	IUCN 红色名录
二级		数据缺乏（DD）

▶**形态特征**　多年生土生植物。茎直立或斜生，高 3 ~ 9 cm，中部直径约 1.5 mm，枝连叶宽 0.8 ~ 1.2 cm，二至三回二叉分枝，枝上部有芽胞。叶螺旋状排列，密生，斜向上，基部的叶呈匙形，其他叶呈披针形。向基部明显变狭，略呈镰状，长 5 ~ 10 mm，宽 1 ~ 1.5 mm（茎基部叶宽达 2.5 mm），基部楔形，下延，无柄，先端渐尖（茎基部叶先端急尖），边缘平直不皱曲，上部边缘有微齿，两面光滑，无光泽，背面弓形至略平展，中脉不明显，草质。孢子叶与不育叶同形；孢子囊生于孢子叶的叶腋，两侧露出，肾形，黄绿色。

▶**分　　布**　贵州。

▶**生　　境**　生于海拔 1700 ~ 2100 m 的山顶灌木丛下。

▶**用　　途**　药用。

▶**致危因素**　生境退化或丧失、过度利用。

凉山石杉

（石松科　Lycopodiaceae）

Huperzia liangshanica (H.S. Kung) Ching et H.S. Kung

国家重点保护级别	CITES 附录	IUCN 红色名录
二级		数据缺乏（DD）

▶**形态特征**　多年生土生植物。茎直立或斜生，高约 18 cm，中部直径 1.5 ~ 2.5 mm，枝连叶宽 1.2 ~ 1.8 cm，二至三回二叉分枝，枝上部常有芽胞。叶螺旋状排列，疏生，反折，倒披针形，向基部不明显变狭，通直，长 7 ~ 9 mm，宽 1.5 ~ 2 mm，基部楔形，下延，有柄，先端急尖，边缘平直不皱曲，中上部边缘有不规则小尖齿，两面光滑，有光泽，中脉明显，薄革质。孢子叶与不育叶同形；孢子囊生于孢子叶的叶腋，两端露出，肾形，黄色。

▶**分　　布**　四川（峨眉山、雷波）。

▶**生　　境**　生于海拔 2800 m 的林下苔藓层中。

▶**用　　途**　药用。

▶**致危因素**　生境退化或丧失、过度利用。

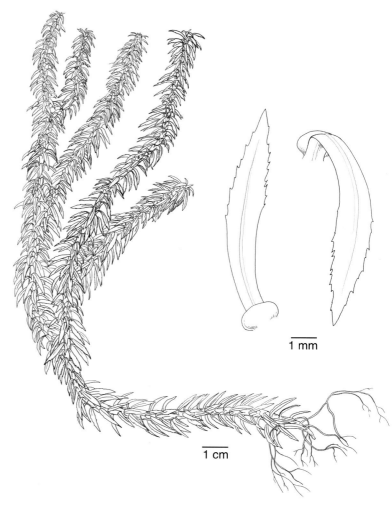

1 mm

1 cm

李爱莉　绘

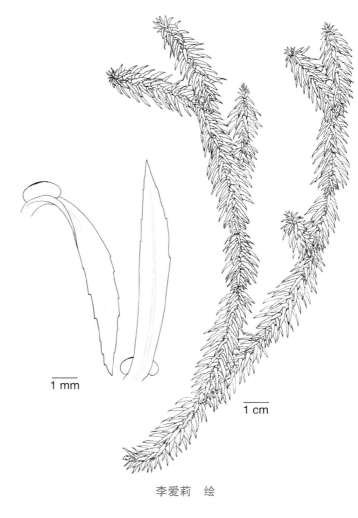

1 mm

1 cm

李爱莉 绘

亮叶石杉

（石松科 Lycopodiaceae）

Huperzia lucidula (Michx.) Trevis.

国家重点保护级别	CITES 附录	IUCN 红色名录
二级		数据缺乏（DD）

▶**形态特征** 多年生土生植物。茎直立或斜生，高 12～15 cm，中部直径约 2.5 mm，枝连叶宽 0.9～1.4 cm，二至三回二叉分枝，枝上部常有芽胞。叶螺旋状排列，密生，反折，披针形，向基部略变狭，通直，长 5～9 mm，宽约 1.2 mm，基部楔形，下延，无柄，先端急尖或渐尖，边缘平直不皱曲，先端有稀疏尖齿，两面光滑，有光泽，中脉仅背面明显，薄草质。孢子叶与不育叶同形；孢子囊生于孢子叶的叶腋，由于孢子叶反折而露出，肾形，黄色。

▶**分　　布** 吉林。

▶**生　　境** 生于海拔 1800 m 的林下苔藓丛中。

▶**用　　途** 药用。

▶**致危因素** 生境退化或丧失、过度利用。

东北石杉

（石松科　Lycopodiaceae）

Huperzia miyoshiana (Makino) Ching

国家重点保护级别	CITES 附录	IUCN 红色名录
二级		易危（VU）

▶**形态特征**　多年生土生植物。茎直立或斜生，高 10～18 cm，中部直径 1.5～2.5 mm，枝连叶宽 0.7～0.9 cm，二至四回二叉分枝，枝上部常有芽胞。叶螺旋状排列，密生，略斜向上或平直或略反折，向基部不变狭，基部最宽，通直，长 4～6 mm，基部宽约 0.8 mm，基部截形，下延，无柄，先端渐尖，边缘平直不皱曲，全缘，两面光滑，有光泽，中脉不明显，草质。孢子叶与不育叶同形；孢子囊生于孢子叶的叶腋，两端露出，肾形，黄色。

▶**分　　布**　吉林、黑龙江。

▶**生　　境**　生于海拔 1000～2200 m 的林下湿地或苔藓上。

▶**用　　途**　药用。

▶**致危因素**　生境退化或丧失、过度利用。

苔藓林石杉

Huperzia muscicola Ching ex W.M. Chu

（石松科　Lycopodiaceae）

国家重点保护级别	CITES 附录	IUCN 红色名录
二级		数据缺乏（DD）

▶**形态特征**　多年生土生植物。茎直立或斜生，高 10 ~ 25 cm，中部直径可达 1.3 mm，枝连叶宽 0.5 ~ 0.8 cm，二至三回二叉分枝，枝上部常有芽胞。叶密生，稍向上倾斜或与茎呈直角，或稍微反折，有光泽，叶线状三角形，向基部不变狭，基部最宽，通直，长 3 ~ 7 mm，基部宽约 1 mm，革质，两面无毛，中脉不明显，基部截形，下延，无柄，边缘全缘，平直不皱曲，先端渐尖。孢子叶与不育叶同形；孢子囊生于孢子叶的叶腋，两端露出，灰绿色或黄绿色，肾形。

▶**分　　布**　云南（哀牢山、老君山）。

▶**生　　境**　生于海拔 2000 ~ 2500 m 的矮林下苔藓丛中。

▶**用　　途**　药用。

▶**致危因素**　生境退化或丧失、过度利用。

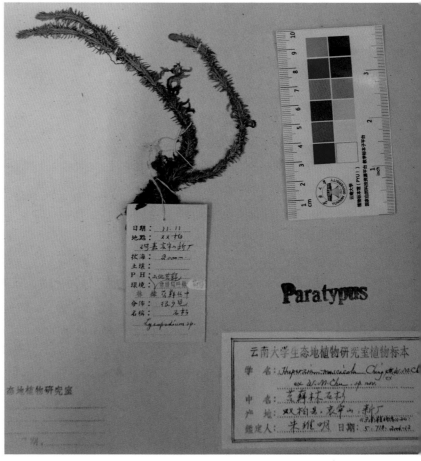

南川石杉

（石松科　Lycopodiaceae）

Huperzia nanchuanensis (Ching & H.S. Kung) Ching & H.S. Kung

国家重点保护级别	CITES 附录	IUCN 红色名录
二级		近危（NT）

▶**形态特征**　多年生土生植物。茎直立或斜生，高 8 ~ 11 cm，中部直径 1 ~ 1.5 mm，枝连叶宽 0.7 ~ 1 cm，三至五回二叉分枝，枝上部常有芽胞。叶螺旋状排列，线状披针形，密生，平直至略斜向上，前部向上弯，披针形，向基部不变狭，基部最宽，镰状弯曲，长 4 ~ 6 mm，基部宽约 0.7 mm，基部截形，下延，无柄，先端渐尖，边缘平直不皱曲，全缘，两面光滑，无光泽，中脉不明显，薄草质。孢子叶与不育叶同形；孢子囊生于孢子叶的叶腋，两端露出，肾形，黄色。

▶**分　　布**　浙江、湖北、重庆。

▶**生　　境**　生于海拔 1700 ~ 2000 m 的林下湿地或附生树干。

▶**用　　途**　药用。

▶**致危因素**　生境退化或丧失，过度利用。

南岭石杉

Huperzia nanlingensis Y.H. Yan & N. Shrestha

国家重点保护级别	CITES 附录	IUCN 红色名录
二级		

▶**形态特征**　多年生土生植物。茎直立或斜生，高 20 ~ 35 cm，中部直径约 3 mm，基部横卧，上部呈紫色。小枝最宽 4.5 ~ 5.5 cm，窄处 0.7 ~ 0.9 cm。孢子叶和营养叶同形，营养叶着生在茎上呈直角或稍向上斜展，叶片椭圆状披针形，长 20 ~ 30 cm，宽 3 ~ 5 mm，革质，光滑，叶片紫红色；叶片背面中脉不明显；叶基楔形，具柄；叶边缘不皱曲，锯齿状，叶尖急尖。孢子叶长 2 ~ 4 mm，宽 0.5 mm，在茎上反折，革质，绿色，边缘略有锯齿，叶尖急尖，叶基楔形，无柄。

▶**分　　布**　贵州、湖南、广东。

▶**生　　境**　生于海拔 1730 m 的阔叶林下。

▶**用　　途**　药用。

▶**致危因素**　生境退化或丧失、过度利用。

金发石杉

（石松科　Lycopodiaceae）

Huperzia quasipolytrichoides (Hayata) Ching

国家重点保护级别	CITES 附录	IUCN 红色名录
二级		易危（VU）

▶**形态特征**　多年生土生植物。茎直立或斜生，高 9～13 cm，中部直径 1.2～1.5 mm，枝连叶宽 7～10 mm，三至六回二叉分枝，枝上部有很多芽胞。叶螺旋状排列，密生，强度反折或略斜下，线形，基部与中部近等宽，明显镰状弯曲，长 6～9 mm，宽约 0.8 mm，基部截形，下延，无柄，先端渐尖，边缘平直不皱曲，全缘，两面光滑，无光泽，中脉背面不明显，腹面略可见，草质。孢子叶与不育叶同形；孢子囊生于孢子叶的叶腋，外露，肾形，黄色或灰绿色。

▶**分　　布**　安徽、江西、广东、云南、台湾。

▶**生　　境**　生于海拔 2600～3200 m 的寒温带亚高山或高山森林。

▶**用　　途**　药用。

▶**致危因素**　生境退化或丧失、过度利用。

▶**备　　注**　变种**直叶金发石杉** *Huperzia quasipolytrichoides* var. *rectifolia* (J.F. Cheng) H.S. Kung & Li Bing Zhang 叶片不呈镰状，主要分布于湖南桑植。

红茎石杉

（石松科　Lycopodiaceae）

Huperzia rubicaulis S.K. Wu et X. Cheng

国家重点保护级别	CITES 附录	IUCN 红色名录
二级		数据缺乏（DD）

▶**形态特征**　多年生土生植物。茎直立或斜生，高 10 ~ 17 cm，中部直径 1 ~ 3 mm，枝连叶宽 5 ~ 8 mm，一至三回二叉分枝，枝上部常有芽胞。叶螺旋状排列，疏生或在小型个体中密生，指向上方或平伸，披针形或狭椭圆形，基部与中部近等宽，反折，长 1 ~ 2.2 mm，中部宽 0.8 ~ 1 mm，基部截形，下延，无柄，先端急尖，边缘内卷，平直不皱曲，全缘，背面弧形，两面光滑，具光泽，中脉不明显，革质至草质。孢子叶与不育叶同形；孢子囊生于孢子叶的叶腋，不外露或两端露出，肾形，黄色。

▶**分　　布**　云南西北部。

▶**生　　境**　生于海拔 1500 m 的林缘岩石上苔藓层中。

▶**用　　途**　药用。

▶**致危因素**　生境退化或丧失、过度利用。

小杉兰

（石松科　Lycopodiaceae）

Huperzia selago (L.) Bernh. ex Schrank & Mart.

国家重点保护级别	CITES 附录	IUCN 红色名录
二级		易危（VU）

▶**形态特征**　多年生土生植物。茎直立或斜生，高 3～25 cm，中部直径 1～3 mm，枝连叶宽 5～16 mm，一至四回二叉分枝，枝上部常有芽胞。叶螺旋状排列，密生，斜向上或平伸，披针形，基部与中部近等宽，通直，长 2～10 mm，中部宽 0.8～1.8 mm，基部截形，下延，无柄，先端急尖，边缘平直不皱曲，全缘，两面光滑，具光泽，中脉背面不显，腹面可见，革质至草质。孢子叶与不育叶同形；孢子囊生于孢子叶腋，不外露或两端露出，肾形，黄色。

▶**分　　布**　吉林、黑龙江、浙江、江西、湖南、广西、四川、云南、西藏、陕西、甘肃、新疆。

▶**生　　境**　生于海拔 1900～5000 m 的高山草甸上、石缝中、林下、沟旁。

▶**用　　途**　药用。

▶**致危因素**　生境退化或丧失、过度利用。

蛇足石杉

Huperzia serrata (Thunb.) Trevis.

（石松科 Lycopodiaceae）

国家重点保护级别	CITES 附录	IUCN 红色名录
二级		濒危（EN）

▶**形态特征** 多年生土生植物。茎直立或斜向上生，高 15 ~ 25 cm，中部直径 1.5 ~ 2 mm。顶芽分叉宽处 1.5 ~ 2 cm，窄处 0.5 ~ 1 cm。孢子叶和营养叶同形，营养叶密集着生，在茎上呈直角或稍下弯曲；叶披针形，叶片长 5 ~ 15 mm，近中部最宽处宽 1 ~ 2.5 mm；叶片背面中脉不明显；叶基楔形，下延，有柄；叶边缘不皱曲，锯齿状，叶尖渐尖。

▶**分　布** 黑龙江、吉林、辽宁。

▶**生　境** 生于海拔 300 ~ 2700 m 的林下、灌丛中、路旁。

▶**用　途** 药用。

▶**致危因素** 生境退化或丧失、过度利用。

相马石杉

Huperzia somae (Hayata) Ching

国家重点保护级别	CITES 附录	IUCN 红色名录
二级		

▶**形态特征**　多年生土生植物。茎直立或斜生，高 4~8 cm，中部直径 0.5~0.8 mm，枝连叶宽 4~5 mm，二至四回二叉分枝，枝上部常有芽胞。叶螺旋状排列，密生，平伸，向上或反折，狭长椭圆形，向基部不变狭，中部最宽，通直至弯曲，长 2~4 mm，中部宽 0.5~0.7 mm，基部楔形，下延，无柄，先端急尖，边缘平直不皱曲，全缘，两面光滑，具光泽，中脉不明显，草质。孢子叶与不育叶同形；孢子囊生于孢子叶的叶腋，两侧露出，肾形，黄色。

▶**分　　布**　台湾。

▶**生　　境**　未知。

▶**用　　途**　药用。

▶**致危因素**　未知。

四川石杉

（石松科 Lycopodiaceae）

Huperzia sutchueniana (Herter) Ching

国家重点保护级别	CITES 附录	IUCN 红色名录
二级		近危（NT）

▶**形态特征** 多年生土生植物。茎直立或斜生，高 8 ~ 15 （~ 18）cm，中部直径 1.2 ~ 3 mm，枝连叶宽 1.5 ~ 1.7 cm，二至三回二叉分枝，枝上部常有芽胞。叶螺旋状排列，密生，平伸，上弯或略反折，披针形，向基部不明显变狭，通直或镰状弯曲，长 5 ~ 10 mm，宽 0.8 ~ 1 mm，基部楔形或近截形，下延，无柄，先端渐尖，边缘平直不皱曲，疏生小尖齿，两面光滑，无光泽，中脉明显，革质。孢子叶与不育叶同形；孢子囊生于孢子叶的叶腋，两端露出，肾形，黄色。

▶**分　　布** 浙江、安徽、江西、湖南、重庆、四川、广西。

▶**生　　境** 生于海拔 800 ~ 2000 m 的林下、灌丛下湿地、草地或岩石上。

▶**用　　途** 药用。

▶**致危因素** 生境退化或丧失、过度利用。

西藏石杉

（石松科　Lycopodiaceae）

Huperzia tibetica (Ching) Ching

国家重点保护级别	CITES 附录	IUCN 红色名录
二级		近危（NT）

▶**形态特征**　多年生土生植物。茎直立或斜生，高 2 ~ 10 cm，中部直径 1 ~ 3 mm，枝连叶宽 5 ~ 8 mm，一至三回二叉分枝，枝上部常有芽胞。叶螺旋状排列，疏生或在小型个体中密生，指向上方或平伸，披针形或狭椭圆形，基部与中部近等宽，上斜，长 2 ~ 5 mm，中部宽（0.8 ~）1 ~ 1.2 mm，基部截形，下延，无柄，先端渐尖，边缘内卷，平直不皱曲，全缘，背面弧形，两面光滑，具光泽，中脉不明显，革质至草质。孢子叶与不育叶同形；孢子囊生于孢子叶的叶腋，不外露或两端露出，肾形，黄色。

▶**分　　布**　云南（贡山）、西藏。

▶**生　　境**　生于海拔 2700 ~ 3300 m 的高山湿草甸、沼泽地。

▶**用　　途**　药用。

▶**致危因素**　生境退化或丧失、过度利用。

华南马尾杉

（石松科　Lycopodiaceae）

Phlegmariurus austrosinicus (Ching) L.B. Zhang

国家重点保护级别	CITES 附录	IUCN 红色名录
二级		近危（NT）

▶**形态特征**　中型附生植物。茎簇生，成熟枝下垂，二至多回二叉分枝，长 20 ~ 70 cm，主茎直径约 5 mm，枝连叶宽 2.5 ~ 3.3 cm。叶螺旋状排列。营养叶平展或斜向上开展，椭圆形，长约 1.4 cm，植株中部叶片宽 2.5 ~ 4 mm，基部楔形，下延，有明显的柄，有光泽，顶端圆钝，革质，全缘；中脉在叶片两面明显可见。孢子囊穗比不育部分略细瘦，非圆柱形，顶生。孢子叶椭圆状披针形，长 7 ~ 11 mm，宽约 1.2 mm，基部楔形，先端尖，中脉明显，全缘。孢子囊生在孢子叶腋，肾形，2 瓣开裂，黄色。

▶**分　　布**　江西、广东、香港、广西、四川、贵州、云南。

▶**生　　境**　附生于海拔 700 ~ 2000 m 的林下岩石上。

▶**用　　途**　药用、观赏。

▶**致危因素**　生境破碎化或丧失、自然种群过小、过度采集。

网络马尾杉

（石松科　Lycopodiaceae）

Phlegmariurus cancellatus (Spring) Ching

国家重点保护级别	CITES 附录	IUCN 红色名录
二级		极危（CR）

▶**形态特征**　附生植物。茎簇生，垂悬，一至多回二叉分枝，长可达 75 cm，直径常小于 4 mm，枝连叶绳索状，末回侧枝不等长。叶螺旋状排列，近轮生，孢子叶与营养叶强度二型。营养叶密生，披针形，紧贴枝上，与茎的夹角小于 20°；营养叶长不足 5 mm，宽不足 1 mm，营养叶长宽比常为 5∶1；基部楔形，下延，无柄，有光泽，顶端渐尖，背面隆起，中脉不显，薄革质，全缘，叶干后尾尖微翘，或平直，不严重内弯。孢子囊穗顶生。

孢子叶卵形，基部楔形，先端长渐尖，中脉不显，全缘；孢子叶排列紧密，与茎的夹角小于 20°，长宽比常为 2∶1。孢子囊生于孢子叶腋，露出孢子叶外，肾形，2 瓣开裂，黄色。

▶**分　　布**　云南、西藏；印度、不丹、缅甸。

▶**生　　境**　附生于林下树干上。

▶**用　　途**　药用、观赏。

▶**致危因素**　生境破碎化或丧失、自然种群过小、过度采集。

龙骨马尾杉

（石松科 Lycopodiaceae）

Phlegmariurus carinatus (Desv.) Ching

国家重点保护级别	CITES 附录	IUCN 红色名录
二级		易危（VU）

▶**形态特征** 中型附生植物。茎簇生，下垂，一至多回二叉分枝，长达 150 cm，枝连叶略绳索状，茎直径不超过 4 mm，末回分枝侧枝不等长。叶螺旋状排列，紧密，规则排列，孢子叶与营养叶强度二型。营养叶密生，狭披针形，紧靠茎，与茎的夹角小于 20°，长宽比常为 8∶1，基部楔形，下延，无柄，有光泽，顶端渐尖，近通直，背面隆起呈龙骨状，中脉不显，革质，全缘。孢子囊穗顶生。孢子叶卵状披针形至卵形，基部楔形，先端渐尖，具短尖头，长宽比小于 2∶1，中脉不显，全缘。孢子囊生于孢子叶腋，藏于孢子叶内，不显，肾形，2 瓣开裂。

▶**分　　布** 台湾、广东、广西、海南、云南；日本、印度、越南、老挝。

▶**生　　境** 附生于石上或树干上。

▶**用　　途** 药用、观赏。

▶**致危因素** 生境破碎化或丧失、过度采集。

柳杉叶马尾杉

（石松科　Lycopodiaceae）

Phlegmariurus cryptomerinus (Maxim.) Satou

国家重点保护级别	CITES 附录	IUCN 红色名录
二级		濒危（EN）

▶**形态特征**　常附生于石壁上。茎簇生，直立或略下垂，一至三回二叉分枝，长达 40 cm，茎粗壮，直径常大于 4 mm，干后常为褐黄色。营养叶螺旋状排列，广开展，与茎的夹角常大于 45°，孢子叶与营养叶近一型，叶在茎上大小呈渐变式变化。营养叶狭披针形，疏生，长宽比常为 16∶1，基部楔形，下延，无柄，有光泽，先端渐尖，背部中脉凸出，明显，薄革质，全缘。孢子囊穗比营养叶部分细瘦，顶生。孢子叶狭披针形，基部楔形，先端渐尖，全缘。孢子囊生在孢子叶腋，肾形，2 瓣开裂，黄色。

▶**分　　布**　台湾、福建、广西、浙江、湖南、广东；日本。

▶**生　　境**　附生于岩石上或树干上，偶有土生。

▶**用　　途**　药用、观赏。

▶**致危因素**　生境破碎化或丧失、过度采集。

杉形马尾杉

***Phlegmariurus cunninghamioides** (Hayata) Ching*

国家重点保护级别	CITES 附录	IUCN 红色名录
二级		极危（CR）

▶**形态特征**　中型附生植物。茎簇生，常下垂，一至多回二叉分枝，长达 100 cm，茎直径常大于 4 mm。叶螺旋状排列，排列紧密，基部叶片常抱茎，孢子叶与营养叶二型。营养叶线形，斜向上，与茎的夹角常大于 25°，小于 30°，长宽比常为 8∶1，基部楔形，下延，无柄，无光泽，先端渐尖，中脉明显，草质或薄革质，全缘。孢子囊穗比不育部分细瘦，非圆柱形，顶生。孢子叶线形，排列紧密，长宽比常为 10∶1，基部楔形，先端渐尖，中脉明显，全缘。孢子囊生在孢子叶腋，肾形，2 瓣开裂，黄色。

▶**分　　布**　台湾、广西；日本。

▶**生　　境**　附生于树干上或石壁上。

▶**用　　途**　药用、观赏。

▶**致危因素**　生境破碎化或丧失、自然种群过小、过度采集。

金丝条马尾杉（马尾千金草）

（石松科　Lycopodiaceae）

Phlegmariurus fargesii (Herter) Ching

国家重点保护级别	CITES 附录	IUCN 红色名录
二级		极危（CR）

▶**形态特征**　附生植物。茎簇生，垂悬，一至多回二叉分枝，长达 80 cm，枝细瘦，茎直径常约 2 mm，枝连叶绳索状，末回分枝侧枝等长。叶螺旋状排列，近轮生，孢子叶与营养叶强度二型。营养叶密生，基部营养叶针状披针形，中上部的叶狭披针形，紧贴枝上，强度内弯，与茎的夹角小于 15°，基部楔形，下延，无柄，有光泽，顶端渐尖，背面隆起，中脉不显，长宽比常为 7：1，革质或薄革质，全缘。孢子囊穗顶生。孢子叶卵形或卵状披针形，基部楔形，先端急尖，短尖头，长宽比常大于 1：1，小于 2：1，中脉不显，全缘。孢子囊生于孢子叶腋，露出孢子叶外，肾形，2 瓣开裂，黄色。

▶**分　　布**　台湾、广西、重庆、云南、海南；越南、日本。

▶**生　　境**　附生于林下树干上。

▶**用　　途**　药用、观赏。

▶**致危因素**　生境破碎化或丧失、自然种群过小、过度采集。

福氏马尾杉

Phlegmariurus fordii (Baker) Ching

国家重点保护级别	CITES 附录	IUCN 红色名录
二级		濒危（EN）

▶**形态特征**　常附生于石壁上。茎簇生，近直立或下垂，一至三回二叉分枝，长达 40 cm。叶螺旋状排列，无序，孢子叶与营养叶二型，孢子叶与营养叶在茎上有较明显的界线。基部营养叶椭圆状披针形，略抱茎，先端急尖，顶部略圆钝，长宽比约 4∶1；中部营养叶椭圆状披针形，斜展，与茎的夹角小于 25°，长宽比约 6∶1，基部楔形，下延，无柄，先端渐尖，中脉明显，草质或薄革质，全缘。孢子囊穗顶生。孢子叶披针形或椭圆状披针形，长宽比约 6∶1，基部楔形，先端渐尖，顶端常钝圆，中脉明显，全缘。孢子囊生在孢子叶腋，肾形，2 瓣开裂，黄色。

▶**分　　布**　浙江、江西、福建、台湾、广东、香港、广西、海南、贵州、云南；日本、越南。

▶**生　　境**　附生于林下石壁上或树干上。

▶**用　　途**　药用、观赏。

▶**致危因素**　生境破碎化或丧失、过度采集。

广东马尾杉

（石松科　Lycopodiaceae）

Phlegmariurus guangdongensis Ching

国家重点保护级别	CITES 附录	IUCN 红色名录
二级		易危（VU）

▶**形态特征**　常附生于石壁上或树干上。茎簇生，常下垂，偶有近直立，一至三回二叉分枝，长达 50 cm，茎直径约 2.4 mm。叶螺旋状排列，有序排列，孢子叶与营养叶明显二型。营养叶椭圆状披针形，斜展，与茎的夹角约 40°，长宽比约 5∶1，基部楔形，下延，无柄，先端渐尖，背面扁平，中脉明显，革质，全缘。孢子囊穗顶生。孢子叶底部卵状三角形，渐尖，顶部孢子叶卵状，急尖，排列稀疏，底部孢子叶长宽比常为 2∶1，顶部为 1∶1，中脉略显，全缘。孢子囊生在孢子叶腋，肾形，2 瓣开裂，黄色。

▶**分　　布**　广西、广东、海南；越南。

▶**生　　境**　附生于树干上或岩壁上。

▶**用　　途**　药用、观赏。

▶**致危因素**　生境破碎化或丧失、自然种群过小、过度采集。

喜马拉雅马尾杉

（石松科　Lycopodiaceae）

Phlegmariurus hamiltonii (Spreng.) Á. Löve & D. Löve

国家重点保护级别	CITES 附录	IUCN 红色名录
二级		极危（CR）

▶**形态特征**　常附生于树干上或石壁上。茎簇生，多为下垂，少近直立，一至三回二叉分枝，长达 30 cm，茎直径多为 2 mm。叶螺旋状排列，无序，排列疏松，开展，孢子叶与营养叶近一型，叶在茎上渐变式缩小。营养叶椭圆状披针形，长宽比常为 4∶1，基部楔形，下延，中部营养叶具极短的柄，有光泽，顶端圆钝，中脉明显，多为厚革质，全缘，与茎的夹角大于 45°。孢子囊穗非圆柱形，顶生。孢子叶椭圆状披针形，排列稀疏，长宽比常为 4∶1，基部楔形，先端钝，中脉明显，全缘。孢子囊生在孢子叶腋，肾形，2 瓣开裂，黄色。

▶**分　　布**　云南；印度、尼泊尔、不丹、缅甸。

▶**生　　境**　常附生于树干上或石壁上。

▶**用　　途**　药用、观赏。

▶**致危因素**　生境破碎化或丧失、自然种群过小、过度采集。

椭圆马尾杉

（石松科　Lycopodiaceae）

Phlegmariurus henryi (Baker) Ching

国家重点保护级别	CITES 附录	IUCN 红色名录
二级		濒危（EN）

▶**形态特征**　常附生，偶有土生。茎簇生，近直立或下垂，一至三回二叉分枝，长达 45 cm，茎直径约 2 mm，孢子叶与营养叶二型，孢子叶与营养叶在茎上有较明显的界线。叶螺旋状排列，疏松，规则，成较整齐两排，整体略成四棱状。基部营养叶椭圆状披针形，抱茎，紧靠茎，与茎的夹角小于 25°，与中部营养叶开展有明显差异，长宽比多为 3∶1，中部营养叶椭圆形，开展，与茎的夹角常大于 40°，小于 50°，长宽比略小于 3∶1，基部楔形，下延，中部的营养叶具极短的柄，常有光泽，先端急尖，顶端尖锐，中脉明显，革质，全缘。孢子囊穗顶生。基部孢子叶卵状披针形，中部以上孢子叶椭圆状披针形，排列稀疏，长宽比 2∶1~3∶1，基部楔形，先端渐尖，中脉明显，全缘。孢子囊生在孢子叶腋，肾形，2 瓣开裂，黄色。

▶**分　　布**　广西、云南；越南。

▶**生　　境**　附生于林下树干上或石壁上。

▶**用　　途**　药用、观赏。

▶**致危因素**　生境破碎化或丧失、自然种群过小、过度采集。

闽浙马尾杉

(石松科 Lycopodiaceae)

Phlegmariurus mingcheensis Ching

国家重点保护级别	CITES 附录	IUCN 红色名录
二级		濒危（EN）

▶**形态特征**　附生于石壁上，偶有土生。茎簇生，近直立或略下垂，一至三回二叉分枝，长达 40 cm，干后禾秆色。叶螺旋状排列，无序，排列疏松，孢子叶与营养叶近一型，叶在茎上渐变式缩小。营养叶披针形，疏生，长宽比常为 7∶1，基部楔形，下延，无柄，有光泽，顶端渐尖，中脉略不显，草质或薄革质，全缘，与茎的夹角常小于 45°。孢子囊穗顶生。孢子叶披针形，疏生，长宽比常为 7∶1，基部楔形，先端渐尖，中脉略不显，全缘。孢子囊生在孢子叶腋，肾形，2 瓣开裂，黄色。

▶**分　　布**　安徽、浙江、江西、福建、湖南、广东、广西、海南、台湾。

▶**生　　境**　附生于林下石壁上或树干上。

▶**用　　途**　药用、观赏。

▶**致危因素**　生境破碎化或丧失、过度采集。

卵叶马尾杉

（石松科　Lycopodiaceae）

Phlegmariurus ovatifolius (Ching) W.M. Chu ex H.S. Kung & L.B. Zhang

国家重点保护级别	CITES 附录	IUCN 红色名录
二级		极危（CR）

▶**形态特征**　附生于林下树干上和石壁上。茎簇生，近直立或垂悬，一至三回二叉分枝，长约 40 cm，茎直径约 2 mm。叶螺旋状排列，排列疏松，开展，孢子叶与营养叶近一型。营养叶与茎的夹角大于 50°，卵形，长宽比小于 3∶1，基部近心形，成熟叶片有短柄，有光泽，先端急尖，常圆钝，偶有尖头，中脉明显，革质，全缘。孢子囊穗非圆柱形，顶生。孢子叶卵形，排列稀疏，长宽比小于 3∶1，基部近心形，先端尖，中脉明显，全缘。孢子囊生在孢子叶腋，肾形，2 瓣开裂，黄色。

▶**分　　布**　云南；缅甸。

▶**生　　境**　附生于林下树干上和石壁上。

▶**用　　途**　药用、观赏。

▶**致危因素**　生境破碎化或丧失、自然种群过小、过度采集。

有柄马尾杉

（石松科 Lycopodiaceae）

Phlegmariurus petiolatus (C.B. Clarke) C.Y. Yang

国家重点保护级别	CITES 附录	IUCN 红色名录
二级		濒危（EN）

▶**形态特征** 常附生于石壁上。茎簇生，近直立或下垂，一至三回二叉分枝，长达 50 cm，茎直径一般小于 2 mm。叶螺旋状排列，无序，疏松，略靠茎向上斜展，孢子叶与营养叶近一型，叶在茎上渐变式缩小。营养叶椭圆状披针形，长宽比常为 4∶1，基部楔形，下延，具短柄，有光泽，先端渐尖或急尖，顶端尖或圆钝，中脉明显，草质或薄革质，全缘，与茎的夹角大于 35° 而常小于 45°。孢子囊穗比不育部分略细瘦，非圆柱形，顶生。孢子叶椭圆状披针形，排列稀疏，长宽比约 4∶1，基部楔形，先端渐尖，顶端尖或圆钝，中脉明显，全缘。孢子囊生在孢子叶腋，肾形，2 瓣开裂，黄色。

▶**分 布** 福建、湖南、广东、广西、四川、重庆、云南；印度、越南、老挝。

▶**生 境** 附生于海拔 600 ~ 2500 m 的溪旁、路边、林下的树干上或岩石上，或为土生。

▶**用 途** 药用、观赏。

▶**致危因素** 生境破碎化或丧失、过度采集。

马尾杉

（石松科　Lycopodiaceae）

Phlegmariurus phlegmaria (L.) Holub

国家重点保护级别	CITES 附录	IUCN 红色名录
二级		易危（VU）

▶**形态特征**　常附生于树干上或石壁上。茎簇生，下垂或近直立，一至多回二叉分枝，长达 160 cm，枝连叶扁平或近扁平。叶螺旋状排列，疏松，规则，孢子叶与营养叶明显为二型。营养叶卵状三角形，斜展，与茎的夹角大于 50°，长宽比约为 3∶1，基部心形或近心形，下延，具明显短柄，先端渐尖，背面扁平，中脉明显，革质，全缘。孢子囊穗顶生。孢子叶卵状，排列稀疏，长宽比约为 1∶1，先端急尖，中脉明显，全缘。孢子囊生在孢子叶腋，肾形，2 瓣开裂，黄色。

▶**分　　布**　台湾、广东、广西、海南、云南；日本、印度、越南、老挝。

▶**生　　境**　附生于树干上或岩石上。

▶**用　　途**　药用、观赏。

▶**致危因素**　生境破碎化或丧失、过度采集。

美丽马尾杉

（石松科 Lycopodiaceae）

Phlegmariurus pulcherrimus (Hook. & Grev.) Á. Löve & D. Löve

国家重点保护级别	CITES 附录	IUCN 红色名录
二级		极危（CR）

▶**形态特征** 附生于石壁上。茎簇生，近直立或下垂，一至多回二叉分枝，长达 50 cm，茎直径常为 2 mm。叶螺旋状排列，无序，孢子叶与营养叶近一型，在茎上呈渐变缩小。营养叶线形，长宽比常为 9:1，基部楔形，下延，无柄，无光泽，先端渐尖，中脉明显，与茎的夹角小于 25°，草质或薄革质，全缘。孢子囊穗渐变小，非圆柱形，顶生。孢子叶线形，排列稀疏，长宽比常为 9:1，基部楔形，先端尖，中脉明显，全缘。孢子囊生在孢子叶腋，肾形，2 瓣开裂，黄色。

▶**分　　布** 云南、西藏；印度、尼泊尔、不丹。

▶**生　　境** 附生于树干上或石壁上。

▶**用　　途** 药用、观赏。

▶**致危因素** 生境破碎化或丧失、自然种群过小、过度采集。

柔软马尾杉

（石松科　Lycopodiaceae）

Phlegmariurus salvinioides (Herter) Ching

国家重点保护级别	CITES 附录	IUCN 红色名录
二级		极危（CR）

▶**形态特征**　常附生于树干上或石壁上。茎簇生，茎柔软下垂，一至多回二叉分枝，长达 150 cm，茎细瘦，直径常不超过 3 mm，枝连叶扁平或近扁平。叶螺旋状排列，疏松，规则，孢子叶与营养叶明显为二型。营养叶卵形或卵状披针形，斜展，与茎的夹角大于 50°，长宽比常为 2∶1，基部圆形，下延，有极短的柄，先端渐尖，背面扁平，中脉明显，革质，全缘。孢子囊穗顶生。孢子叶卵形，排列稀疏，长宽比小于 2∶1，基部圆形，先端渐尖，中脉明显，全缘。孢子囊生在孢子叶腋，肾形，2 瓣开裂，黄色。

▶**分　　布**　台湾；日本、菲律宾、越南。

▶**生　　境**　附生于林下的树干上或岩石上。

▶**用　　途**　药用、观赏。

▶**致危因素**　生境破碎化或丧失、自然种群过小、过度采集。

鳞叶马尾杉

（石松科　Lycopodiaceae）

Phlegmariurus sieboldii (Miq.) Ching

国家重点保护级别	CITES 附录	IUCN 红色名录
二级		极危（CR）

▶**形态特征**　附生植物。茎簇生，垂悬，一至多回二叉分枝，长可达 60 cm，枝连叶绳索状，直径 1～3 mm。叶螺旋状排列，排列紧密，孢子叶与营养叶强度二型。营养叶密生，紧靠茎，与茎的夹角常小于 20°，略内弯；茎基部营养叶椭圆状披针形，茎中部营养叶椭圆形，长不足 5 mm，宽不足 3 mm，长宽比常为 2∶1，基部楔形，下延，无柄，有光泽，顶端急尖，背面隆起，中脉不显，革质，全缘。孢子囊穗顶生。孢子叶卵形，基部楔形，先端钝状，无尖头，中脉不显，全缘。孢子囊生在孢子叶腋，露出孢子叶外，肾形，2 瓣开裂，黄色。

▶**分　　布**　台湾；日本、朝鲜。

▶**生　　境**　附生于林下树干上。

▶**用　　途**　药用、观赏。

▶**致危因素**　生境破碎化或丧失、自然种群过小、过度采集。

粗糙马尾杉

（石松科　Lycopodiaceae）

Phlegmariurus squarrosus (G. Forst.) Á. Löve et D. Löve

国家重点保护级别	CITES 附录	IUCN 红色名录
二级		濒危（EN）

▶**形态特征**　茎簇生，植株强壮，茎近直立或下垂，一至多回二叉分枝，长达 200 cm，直径常大于 4 mm。叶螺旋状排列，紧密，孢子叶与营养叶二型，即形成明显的孢子囊穗。营养叶线形或狭披针形，密生，平伸或略上斜，与茎的夹角大于 60°，长宽比常为 12∶1，基部楔形，下延，无柄，常扭曲，有光泽，顶端渐尖，中脉不显，薄革质，全缘。孢子囊穗圆柱形，顶生。孢子叶卵状披针形，排列紧密，长宽比约为 11∶1，基部楔形，先端渐尖，全缘。孢子囊生在孢子叶腋，肾形，2 瓣开裂，黄色。

▶**分　　布**　云南、广西、海南、台湾、西藏；日本、印度、老挝、越南。

▶**生　　境**　附生于树干上或石壁上，偶有土生。

▶**用　　途**　药用、观赏。

▶**致危因素**　生境破碎化或丧失、自然种群过小、过度采集。

细叶马尾杉（墨脱石杉）

（石松科　Lycopodiaceae）

Phlegmariurus subulifolius (Wall. ex Hook. & Grev.) S.R. Ghosh

国家重点保护级别	CITES 附录	IUCN 红色名录
二级		极危（CR）

▶**形态特征**　常附生于石壁上或树干上。茎簇生，下垂或近直立，一至多回二叉分枝，长达 50 cm，茎直径常约 2 mm。叶螺旋状排列，紧密，向上斜展，孢子叶与营养叶二型，即孢子叶与营养叶在茎上具有明显的界线。营养叶线形或狭披针形，紧靠茎，与茎的夹角小于 20°，长宽比约为 10：1，基部楔形，下延，无柄，先端渐尖，中脉不显，草质或薄革质，全缘。孢子囊穗顶生。孢子叶狭披针形或线形，排列紧密，长宽比约为

10：1，先端渐尖，中脉不显，全缘。孢子囊生在孢子叶腋，肾形，2 瓣开裂，黄色。

▶**分　　布**　西藏、云南；印度、尼泊尔。

▶**生　　境**　附生于石壁上或树干上。

▶**用　　途**　药用、观赏。

▶**致危因素**　生境破碎化或丧失、自然种群过小、过度采集。

云南马尾杉

（石松科　Lycopodiaceae）

Phlegmariurus yunnanensis Ching

国家重点保护级别	CITES 附录	IUCN 红色名录
二级		极危（CR）

▶**形态特征**　附生植物。茎簇生，垂悬，一至多回二叉分枝，长达 70 cm，枝连叶绳索状，直径 2 ~ 5 mm。叶螺旋状排列，孢子叶与营养叶强度二型。营养叶密生，强度内弯，紧靠茎，与茎夹角小于 15°，茎基部营养叶披针形，中上部营养叶卵状披针形，长宽比常为 6∶1，营养叶基部楔形，下延，无柄，有光泽，顶端渐尖或急尖，背面龙骨状隆起，中脉不显，革质或薄革质，全缘。孢子囊穗顶生。孢子叶卵形，排列紧密，长宽比常为 1∶1，基部楔形，底部孢子叶先端长渐尖，具尖头，顶端孢子叶先端急尖，偶有尖头，中脉不显，全缘。孢子囊生在孢子叶腋，露出孢子叶外，肾形，2 瓣开裂，黄色。

▶**分　　布**　云南西北部、广西。

▶**生　　境**　附生于海拔 1500 ~ 2600 m 的林下树干上。

▶**用　　途**　药用、观赏。

▶**致危因素**　生境破碎化或丧失、自然种群过小。

保东水韭

（水韭科　Isoëtaceae）

Isoëtes baodongii Y.F. Gu, Y.H. Yan & Yi J. Lu

国家重点保护级别	CITES 附录	IUCN 红色名录
一级		

▶**形态特征**　多年生半沉水植物。植株高 15～45 cm，根茎块状，3 瓣状；叶肉质，50～120 枚，线形，中部宽约 3 mm，基部有翅状结构，内部有被横隔膜分隔成多个气室的 4 个气道；叶基部生有卵形孢子囊，具膜质盖；叶基部边缘扩大呈膜状，白色，覆盖孢子囊。孢子异型，生于不同的孢子囊内；大孢子颗粒状，四面体球形，3 裂缝，成熟干燥时为白色，直径为 390～510 μm（平均为 450 μm），表面近极面为脊条状，远极面为棘刺状；小孢子为粉末状，椭球形，单裂缝，成熟干燥后为灰色，纵向长 22～27 μm（平均为 25 μm），表面棘刺状。染色体 $2n=2x=22$。

▶**孢　粉　期**　孢子期 5 月下旬—10 月末。

▶**分　　　布**　浙江（诸暨）。中国特有种。

▶**生　　　境**　生于海拔约 200 m 的丹霞地貌山旁溪流边。

▶**用　　　途**　未知。

▶**致危因素**　水质污染、生境破坏、自然种群过小。

高寒水韭

Isoëtes hypsophila Hand. -Mazz.

国家重点保护级别	CITES 附录	IUCN 红色名录
一级		易危（VU）

▶**形态特征**　多年生小型沼生植物。植株高 3～5 cm，根茎块状，2～3 瓣；叶肉质，10～15 枚，线形，中部宽约 1 mm，基部有翅状结构，内部有被横隔膜分隔成多个气室的 4 个气道；叶基部生有椭圆形孢子囊，黄色，具膜质盖；叶舌位于孢子囊上部，心形至卵形，约 1 mm。孢子异型，生于不同的孢子囊内；大孢子颗粒状，四面体球形，3 裂缝，成熟干燥时为白色，直径为 290～400 μm（平均为 358 μm），表面光滑；小孢子为粉末状，椭球形，单裂缝，成熟干燥后为灰色，纵向长 19～25 μm（平均为 22 μm），表面为棘刺状。染色体 $2n=2x=22$。

▶**孢　粉　期**　孢子期 5 月下旬—10 月末。

▶**分　　布**　云南西北部及四川西部。中国特有种。

▶**生　　境**　生于海拔约 4300 m 的高山草甸水浸处。

▶**用　　途**　未知。

▶**致危因素**　水质恶化、自然种群过小、过度放牧。

隆平水韭

（水韭科　Isoëtaceae）

Isoëtes longpingii Y.F. Gu, Y.H. Yan & J.P. Shu

国家重点保护级别	CITES 附录	IUCN 红色名录
一级		

▶**形态特征**　多年生完全沉水植物。植株高 20 ~ 60 cm，根茎块状，2 瓣；叶肉质，40 ~ 60 枚，线形，中部宽约 1 mm，基部有翅状结构，内部有被横隔膜分隔成多个气室的 4 个气道；叶舌钻形，（2.3 ~ 2.6）mm ×（1.1 ~ 1.3）mm；叶基部生有卵形孢子囊，具膜质盖，（3.5 ~ 4.5）mm ×（2.5 ~ 3）mm。孢子异型，生于不同的孢子囊内；大孢子为颗粒状，四面体球形，3 裂缝，成熟干燥时为白色，直径为 310 ~ 410 μm（平均为 350 μm），表面近极面为脊条状，远极面为棘刺状；小孢子为粉末状，椭球形，单裂缝，成熟干燥后为灰色，纵向长 27 ~ 30 μm（平均为 29 μm），表面棘刺状。染色体 $2n=2x=22$。

▶**孢 粉 期**　孢子期 5—9 月。

▶**分　　布**　湖南（宁乡）。中国特有种。

▶**生　　境**　生于海拔约 130 m 的水塘中。

▶**用　　途**　未知。

▶**致危因素**　农田开垦导致生境破坏、自然种群过小。

东方水韭

Isoëtes orientalis H. Liu & Q.F. Wang

国家重点保护级别	CITES 附录	IUCN 红色名录
一级		极危（CR）

▶**形态特征**　多年生水生植物。植株高 10～20 cm，根茎块状，3 瓣；叶肉质，20～40 枚，线形，中部宽约 2 mm，基部有翅状结构，内部有被横隔膜分隔成多个气室的 4 个气道；叶基部生有卵形孢子囊，大小为（5～6）mm×（3.8～4.5）mm；缘膜仅覆盖孢子囊一端；叶舌位于孢子囊上部，卵状三角形，（1.5～2）mm×（2～3）mm。孢子异型，生于不同的孢子囊内；大孢子为颗粒状，四面体球形，3 裂缝，成熟干燥时为白色，直径为 350～460 μm（平均为 420 μm），表面纹饰网格状；小孢子为粉末状，椭球形，单裂缝，成熟干燥后为灰色，纵向长 20～38 μm（平均为 34 μm），表面为瘤状至棘刺状。染色体 $2n=6x=66$。

▶**孢 粉 期**　孢子期 6—10 月。

▶**分　　布**　浙江（松阳）。中国特有种。

▶**生　　境**　生于海拔 1200 m 的山间溪流湿地。

▶**用　　途**　未知。

▶**致危因素**　生境破坏、自然种群过小。

香格里拉水韭

（水韭科　Isoëtaceae）

Isoëtes shangrilaensis Xiang Li, Yuqian Huang, X. Dai & Xing Liu

国家重点保护级别	CITES 附录	IUCN 红色名录
一级		

▶**形态特征**　多年生沉水植物。植株高 3 ~ 18 cm，根茎块状，3 瓣；叶 12 ~ 20 枚，线形，中部宽约 1 mm，基部有翅状结构，内部有被横隔膜分隔成多个气室的 4 个气道；叶基部生有卵圆形孢子囊，具膜质盖；叶舌生于孢子囊上端，三角形，有尖头；缘膜仅覆盖孢子囊一端。孢子异型，生于不同的孢子囊内；大孢子为颗粒状，四面体球形，3 裂缝，成熟干燥时为白色，直径为 207 ~ 273 μm（平均为 245 μm），表面近极面近光滑，远极面具低褶皱纹饰；小孢子为粉末状，椭球形，单裂缝，成熟干燥后为灰色，纵向长 11 ~ 24 μm（平均为 20 μm），表面具低矮的刺状至条状结构。

▶**孢 粉 期**　孢子期 5 月下旬—10 月末。

▶**分　　布**　云南（香格里拉）。中国特有种。

▶**生　　境**　生于海拔 3200 m 的高山草甸水浸处。

▶**用　　途**　未知。

▶**致危因素**　环境污染、自然种群过小。

中华水韭

Isoëtes sinensis Palmer

国家重点保护级别	CITES 附录	IUCN 红色名录
一级		极危（CR）

▶**形态特征**　多年生水生或沼生植物。植株高 15～25 cm，根茎块状，3 瓣；叶肉质，多数，线形，基部宽约 2 mm，有翅状结构，内部有被横隔膜分隔成多个气室的 4 个气道；叶基部生有长卵形孢子囊，大小约 3 mm×9 mm，具膜质盖；叶舌位于孢子囊上部，基部心形，上部渐尖。孢子异型，生于不同的孢子囊内；大孢子为颗粒状，四面体球形，3 裂缝，成熟干燥时为白色，直径为 330～462 μm（平均为 409 μm），表面具有刺状至脊条状纹饰；小孢子为粉末状，椭球形，单裂缝，成熟干燥后为灰色，纵向长 26～30 μm（平均为 28 μm），表面棘刺状。染色体 $2n=4x=44$。

▶**孢　粉　期**　孢子期 5 月下旬—10 月末。

▶**分　　　布**　江苏（南京）。中国特有种。

▶**生　　　境**　生于浅水池塘边或山沟淤泥上。

▶**用　　　途**　未知。

▶**致危因素**　生境被破坏或丧失、自然种群过小。

台湾水韭

(水韭科 Isoëtaceae)

Isoëtes taiwanensis De Vol

国家重点保护级别	CITES 附录	IUCN 红色名录
一级		极危（CR）

▶**形态特征** 多年生水生植物，通常半沉水，旱季也可以土生。叶片长 7 ~ 17 cm，根茎块状，3 瓣，偶有 4 瓣或 5 瓣；叶肉质，线形，15 ~ 90 枚或更多，基部有翅状结构，内部有被横隔膜分隔成多个气室的 4 个气道；缘膜仅覆盖孢子囊上端；叶基部生有卵圆形孢子囊，黄色，约 2.5 mm × 2 mm，具膜质盖；叶舌位于孢子囊上部，长三角形。孢子异型，生于不同的孢子囊内或同在一个孢子囊中；大孢子颗粒状，四面体球形，3 裂缝，成熟干燥时为白色，直径为 310 ~ 390 μm（平均为 312 μm），表面基部瘤状；小孢子为粉末状，椭球形，单裂缝，成熟干燥后为灰色，纵向长 20 ~ 28 μm（平均为 24 μm）；若大孢子和小孢子同时在同一个孢子囊内，它们的大小均小于这些仅含一种类型孢子囊内部的孢子。染色体 $2n=2x=22$。

▶**孢 粉 期** 孢子期 4 月中旬—10 月末，4 月之后成熟。

▶**分 布** 台湾（梦湖、七星山）。中国特有种。

▶**生 境** 生于海拔 1000 m 的山顶水塘中。

▶**用 途** 未知。

▶**致危因素** 未知。

湘妃水韭

Isoëtes xiangfei Y.F. Gu, Y.H. Yan & J.P. Shu

国家重点保护级别	CITES 附录	IUCN 红色名录
一级		

▶**形态特征**　多年生半沉水植物。植株高 15～35 cm，根茎块状，3 瓣；叶肉质，20～60 枚，线形，中部宽约 2 mm，基部有翅状结构，内部有被横隔膜分隔成多个气室的 4 个气道；叶基部生有卵形孢子囊，具膜质盖。孢子异型，生于不同的孢子囊内；大孢子为颗粒状，四面体球形，3 裂缝，成熟干燥时为白色，直径为 390～450 μm（平均为 430 μm），表面近极面为脊条状，远极面为棘刺状；小孢子为粉末状，椭球形，单裂缝，成熟干燥后为灰色，纵向长 26～28 μm（平均为 27 μm），表面棘刺状。染色体 $2n=2x=22$。

▶**孢　粉　期**　孢子期 5—10 月。

▶**分　　　布**　湖南（通道）。中国特有种。

▶**生　　　境**　生于海拔 300 m 的林边溪沟处或湿地。

▶**用　　　途**　未知。

▶**致危因素**　生境及水质恶化、自然种群过小。

云贵水韭

（水韭科　Isoëtaceae）

Isoëtes yunguiensis Q.F. Wang & W.C. Taylor

国家重点保护级别	CITES 附录	IUCN 红色名录
一级		极危（CR）

▶**形态特征**　多年水生植物，沉水或半沉水。叶片长 15 ~ 52 cm，根茎块状，3 瓣；叶肉质，线形，20 ~ 70 枚，叶中部宽约 2.5 mm，有翅状结构，内部有被横隔膜分隔成多个气室的 4 个气道；缘膜覆盖孢子囊远轴面边缘；叶基部生有椭圆形孢子囊，黄色，具膜质盖；叶舌位于孢子囊上部，三角形，尖头。孢子异型，生于不同的孢子囊内；大孢子为颗粒状，四面体球形，3 裂缝，成熟干燥时为白色，直径为 340 ~ 430 μm（平均为 390 μm），表面纹饰脊条状至网格状；小孢子为粉末状，椭球形，单裂缝，成熟干燥后为灰色，纵向长 20 ~ 25 μm（平均为 22 μm），表面光滑至颗粒状。染色体 $2n=2x=22$。

▶**孢　粉　期**　孢子期 6 月中旬—9 月末。

▶**分　　布**　贵州（平坝、纳雍）、云南（昆明、保山）。中国特有种。

▶**生　　境**　生于海拔 1200 ~ 1900 m 的沼泽地或溪流旁的水塘中。

▶**用　　途**　观赏。

▶**致危因素**　生境及水质恶化、自然种群过小。

七指蕨

（瓶尔小草科　Ophioglossaceae）

Helminthostachys zeylanica (L.) Hook.

国家重点保护级别	CITES 附录	IUCN 红色名录
二级		濒危（EN）

▶**形态特征**　多年生地生植物。根状茎肉质，横走，粗达 7 mm，靠近顶部生出 1~2 枚叶。叶柄为绿色，长 20~40 cm，基部有两片长圆形淡棕色的托叶部；叶片由 3 裂的营养叶片和 1 枚直立的孢子囊穗组成，自柄端彼此分离，营养叶片几乎是三等分；每部分由 1 枚顶生羽片（或小叶）和在它下面的 1~2 对侧生羽片（或小叶）组成，每部分基部略具短柄，但各羽片无柄，基部往往狭而下延。叶薄草质，中肋明显，上面凹陷，下面凸起，侧脉分离，密生，1~2 次分叉，达于叶边；叶片长、宽 12~25 cm，宽掌状，各羽片长 10~18 cm，宽 2~4 cm，向基部渐狭，向顶端为渐尖头，边缘为全缘或往往稍有不整齐的锯齿。孢子囊穗单生，通常高出不育叶，柄长 6~8 cm，穗长达 13 cm，直径 5~7 mm，直立，孢子囊环生于囊托，形成细长圆柱形。

▶**分　　布**　广西、海南、贵州、云南。

▶**生　　境**　生于湿润疏荫林下。

▶**用　　途**　观赏。

▶**致危因素**　生境退化或丧失、过度利用。

带状瓶尔小草

(瓶尔小草科　Ophioglossaceae)

Ophioglossum pendulam L.

国家重点保护级别	CITES 附录	IUCN 红色名录
二级		易危（VU）

▶**形态特征**　多年生附生植物，植株倒垂。根状茎短，具多数肉质粗根。叶 1～3 片，下垂如带状，长 30～150 cm，宽 1～3 cm，无明显的柄，单叶或顶部二分叉，质厚，肉质，无中脉，小脉多少可见，网状，网眼为六角形而稍长，斜列。孢子囊穗长 5～15 cm，宽约 5 mm，具较短的柄，生于营养叶的近基部或中部，不超过叶片的长度。孢子囊多数，每侧 40～200 个。孢子无色或淡乳黄色，透明。

▶**分　　布**　台湾、海南、广西（十万大山）；热带亚洲、太平洋岛屿和印度洋、坦桑尼亚。

▶**生　　境**　附生于雨林中的树干上。

▶**用　　途**　药用。

▶**致危因素**　生境退化或丧失、过度利用。

二回莲座蕨

Angiopteris bipinnata (Ching) J.M. Camus

国家重点保护级别	CITES 附录	IUCN 红色名录
二级		濒危（EN）

▶**形态特征**　陆生植物，高可达 80 cm。根状茎肉质肥厚，斜升或近直立，呈背腹性。叶簇生；柄长 60～70 cm，粗约 0.4 cm，腹面有一浅沟槽，肉质，绿色，被有棕色线形鳞片；叶柄基部以上 20～30 cm 处有一膝状膨大的节。叶片长三角形，长 30～50 cm，中部宽约 25 cm，一回羽状或有时基部为二回羽状。一回羽状叶的羽片 7～12 对，阔披针形，长 7～10 cm，宽 2.5～2.8 cm，边缘具粗齿牙，基部圆楔形，向顶端渐尖。叶脉两面明显，单一或分叉，无假脉。孢子囊群长线形，由近中肋向外伸展到距叶缘 4 mm 处，由 20～40 个孢子囊组成，长可达 1.5 cm。孢子近球形，表面为顶端分叉的棒状纹饰。

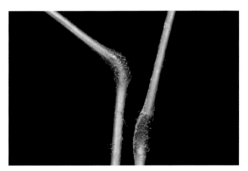

▶**孢　粉　期**　孢子期 6—10 月。

▶**分　　　布**　云南（马关、麻栗坡）。

▶**生　　　境**　生于海拔 800～1300 m 的杂木林下。

▶**用　　　途**　观赏。

▶**致危因素**　生境退化或丧失、直接采挖或砍伐。

披针莲座蕨

（合囊蕨科　Marattiaceae）

Angiopteris caudatiformis Hieron.

国家重点保护级别	CITES 附录	IUCN 红色名录
二级		易危（VU）

▶**形态特征**　陆生植物，高 2 ~ 4 m。根状茎肉质，直立。叶柄粗壮，光滑无瘤状突起。叶片卵状三角形，长 70 ~ 160 cm，宽 60 cm，常为二回羽状，少数一回羽状。羽片 6 ~ 10 对，长椭圆形或披针形，长 60 ~ 110 cm，宽 20 ~ 40 cm，羽轴无翅。小羽片 14 ~ 18 对，长椭圆形、披针形、线状披针形或倒披针形，长 15 ~ 25 cm，宽 1.5 ~ 3 cm，边缘有锯齿，基部心形、圆形或截形，先端渐尖或尾尖。叶脉分叉，两面明显，倒行假脉短或假脉缺失。孢子囊群短线形，由 12 ~ 20 个孢子囊组成，距叶缘 1 ~ 2 mm 着生。孢子近球形，3 裂缝，表面多为瘤状纹饰，少数短条纹状纹饰。

▶**孢 粉 期**　孢子期 6—10 月。

▶**分　　布**　云南、广西。

▶**生　　境**　生于海拔 100 ~ 1200 m 的杂木林、常绿阔叶林或沟谷雨林下。

▶**用　　途**　观赏。

▶**致危因素**　生境退化或丧失、直接采挖或砍伐。

秦氏莲座蕨

（合囊蕨科　Marattiaceae）

Angiopteris chingii J.M. Camus

国家重点保护级别	CITES 附录	IUCN 红色名录
二级		极危（CR）

▶ **形态特征**　陆生植物，高 50 ~ 85 cm。根状茎肉质肥厚，长而横走，呈背腹性。叶簇生；叶柄长约 50 cm，粗约 0.5 cm，肉质，绿色，基部被卵状披针形而基部为圆形的深棕色鳞片，向上有 3 ~ 5（~ 7）个膝状肉质膨大的节。叶片宽卵形，长约 40 cm，宽约 38 cm，一回奇数羽状。羽片 2 ~ 3 对，阔椭圆披针形或阔卵形，长 15 ~ 20 cm，宽 5 ~ 7 cm，边缘有波状浅齿或波状齿牙，基部楔形，向顶端渐尖。叶脉两面明显，单一或分叉，无假脉。孢子囊群长线形，中生，由 40 ~ 60 个孢子囊组成，长可达 3.5 cm。孢子近球形，无明显裂缝，表面为刺状纹饰。

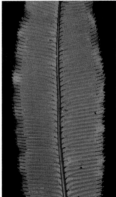

▶ **孢 粉 期**　孢子期 6—10 月。

▶ **分　　布**　云南（河口）。

▶ **生　　境**　生于海拔 150 ~ 800 m 的潮湿浓荫林下沟边。

▶ **用　　途**　观赏。

▶ **致危因素**　生境退化或丧失、自然种群过小、直接采挖或砍伐。

琼越莲座蕨

（合囊蕨科 Marattiaceae）

Angiopteris cochinchinensis de Vriese

国家重点保护级别	CITES 附录	IUCN 红色名录
二级		易危（VU）

▶**形态特征** 陆生植物，高 1 ~ 2.5 m。根状茎肉质直立。叶柄粗壮，具瘤状突起。叶片二回羽状，羽片长圆形或倒卵形，互生，长 40 ~ 70 cm，宽 15 ~ 35 cm。小羽片 10 ~ 15 对，披针形或狭线形，互生或对生，顶部最大，长 16 ~ 18 cm，宽 2 ~ 2.5 cm，向基部逐渐缩短，长 6 ~ 9 cm，边缘全缘、浅锯齿或钝锯齿，基部圆形至楔形，先端渐狭而长渐尖。小羽片上面光滑，下面主脉及侧脉有垢状浅棕色鳞片或近光滑。叶脉多分叉，两面明显，假脉延伸到孢子囊群或至叶缘到主脉的 1/3 处。孢子囊群短线形，近叶缘 0.3 ~ 0.5 mm 处着生，由 7 ~ 15 个孢子囊组成。孢子圆球形，3 裂缝，表面多为瘤状纹饰，少数短条纹状纹饰。

▶**孢 粉 期** 孢子期 6—10 月。

▶**分　　布** 海南、广西。

▶**生　　境** 生于海拔 900 ~ 1200 m 的山谷林下。

▶**用　　途** 观赏。

▶**致危因素** 生境退化或丧失、直接采挖或砍伐。

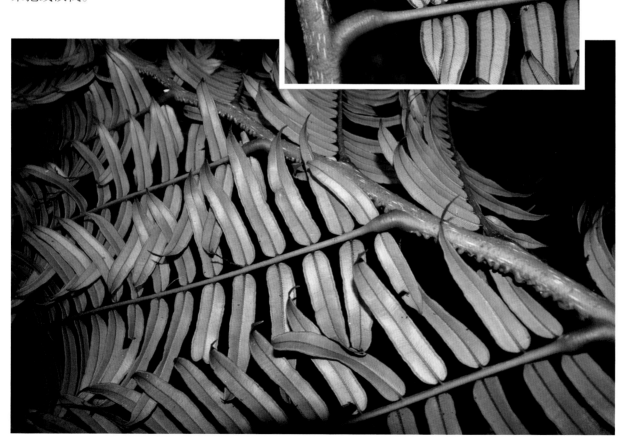

食用莲座蕨

（合囊蕨科　Marattiaceae）

Angiopteris esculenta Ching

国家重点保护级别	CITES 附录	IUCN 红色名录
二级		易危（VU）

▶**形态特征**　陆生植物，高 2 ~ 5 m。根状茎粗壮直立。叶簇生，叶柄粗壮，直径 1 ~ 1.5 cm，淡绿色，光滑无瘤，基部被棕色披针形鳞片。叶片广卵形，二回羽状。羽片 6 ~ 10 对，倒披针形、倒卵形、长椭圆形或披针形，互生，中部长达 60 cm，宽 20 ~ 25 cm，羽轴有狭翅。小羽片 20 ~ 30 对，披针形，长 7 ~ 15 cm，宽 1 ~ 1.8 cm，边缘锐锯齿，基部截形或楔形，先端渐尖。叶脉单脉或分叉，两面明显，间距宽，无明显倒行假脉。孢子囊群卵圆形或长卵圆形，靠近叶边缘着生或着生于羽片边缘锯齿内，由 6 ~ 8 个孢子囊组成。孢子近球形，3 裂缝，表面为稀疏的瘤状纹饰，少数短条纹状纹饰。

▶**孢　粉　期**　孢子期 6—10 月。

▶**分　　　布**　云南西北部、西藏（墨脱）。

▶**生　　　境**　生于海拔 350 ~ 2000 m 的常绿阔叶林下或溪沟边。

▶**用　　　途**　观赏、食用。

▶**致危因素**　采挖或砍伐。

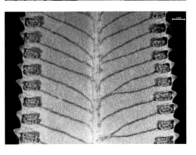

莲座蕨

（合囊蕨科　Marattiaceae）

Angiopteris evecta (G. Forst.) Hoffm.

国家重点保护级别	CITES 附录	IUCN 红色名录
二级		易危（VU）

▶**形态特征**　陆生植物，高 2 ~ 5 m。根状茎肉质直立。叶柄粗壮，基部膨大，密被棕色鳞片。叶片常为二回羽状，大而平展。羽片长圆形，长 60 ~ 70 cm，宽 20 ~ 30 cm。小羽片 15 ~ 30 对，披针形，长 7 ~ 20 cm，宽 0.9 ~ 3.5 cm，边缘细齿到锯齿，基部圆形至楔形，先端渐尖至尾状。叶脉为单脉或分叉，两面明显，假脉常延伸到主脉。孢子囊群短线形，距叶边缘 1 ~ 1.5 mm 着生，由 8 ~ 10 个孢子囊组成。本种可以通过非常明显的假脉和相当大的叶子来识别。

▶**孢 粉 期**　孢子期 6—10 月。

▶**分　　布**　台湾。

▶**生　　境**　生于海拔 100 ~ 1200 m 的林下、山谷、路旁。

▶**用　　途**　观赏、食用。

▶**致危因素**　生境退化或丧失、直接采挖或砍伐。

福建莲座蕨

（合囊蕨科　Marattiaceae）

Angiopteris fokiensis Hieron.

国家重点保护级别	CITES 附录	IUCN 红色名录
二级		近危（NT）

▶**形态特征**　陆生植物，高 2～4 m。根状茎肉质直立。叶柄粗壮，具瘤状突起。叶片卵状三角形或宽卵形，长 1～1.8 m，宽 50～120 cm，二回羽状。羽片 5～9 对，倒披针形、倒卵形或长椭圆形，互生，长 40～60 cm，宽 10～20 cm，羽轴有宽窄不等的翅或无翅。小羽片 20～35 对，披针形，长 4～13 cm，宽 0.8～2.5 cm，边缘有锯齿，基部心形、圆形或截形，先端渐尖或尾状。叶脉多分叉，两面明显，无倒行假脉或倒行假脉不明显。孢子囊群短线形，近叶缘 0.5～1 mm 着生，由 10～16 个孢子囊组成。孢子近球形，3 裂缝，表面多为瘤状纹饰，少数短条纹状纹饰。本种属于形态多样的复合体，需要进一步研究。

▶**孢 粉 期**　孢子期 6—10 月。

▶**分　　布**　福建、广东、广西、贵州、海南、湖北、湖南、江西、四川、云南、浙江。

▶**生　　境**　生于海拔 400～1600 m 的常绿阔叶林或杂木林下。

▶**用　　途**　观赏。

▶**致危因素**　生境退化或丧失、直接采挖或砍伐。

楔基莲座蕨

（合囊蕨科　Marattiaceae）

Angiopteris helferiana C. Presl

国家重点保护级别	CITES 附录	IUCN 红色名录
二级		易危（VU）

▶**形态特征**　陆生植物，高 2 ~ 3 m。根状茎肉质直立。叶柄粗壮，光滑无瘤状突起。叶片卵状三角形、倒披针形或倒卵形，二回羽状。羽片 5 ~ 10 对，长椭圆形、阔披针形或披针形，互生，长 60 ~ 80 cm，宽 20 ~ 30 cm，羽轴通常无翅或少数有狭翅。小羽片 15 ~ 20 对，披针形、阔披针形、长椭圆形，长 10 ~ 20 cm，宽 2 ~ 6 cm，边缘有浅锯齿或尖锯齿，基部楔形，先端渐尖或长尾尖，有明显小羽柄，长达 4 mm。叶脉多分叉，两面明显，无明显假脉或倒行假脉短而不明显。孢子囊群短线形，由 14 ~ 26 个孢子囊组成，距叶缘 2 ~ 3 mm 着生。孢子近球形，3 裂缝，表面多为瘤状纹饰，少数短条纹状纹饰。

▶**孢 粉 期**　孢子期6—10月。

▶**分　　布**　云南、广西。

▶**生　　境**　生于海拔 900 ~ 1400 m 的常绿阔叶林或季雨林下。

▶**用　　途**　观赏。

▶**致危因素**　生境退化或丧失、直接采挖或砍伐。

河口莲座蕨

（合囊蕨科　Marattiaceae）

Angiopteris hokouensis Ching

国家重点保护级别	CITES 附录	IUCN 红色名录
二级		易危（VU）

▶**形态特征**　陆生植物，高 2 ~ 4 m。根状茎肉质直立。叶柄粗壮，具瘤状突起。叶片阔卵状三角形，长 1.1 ~ 2.4 m，宽 1 ~ 1.5 m，二回羽状。羽片 3 ~ 10 对，倒披针形、倒卵形、长椭圆形或披针形，互生，长 40 ~ 90 cm，宽 12 ~ 25 cm，羽轴有明显的狭翅。小羽片 9 ~ 18 对，矩圆形、倒披针形、披针形或阔披针形，长 10 ~ 15 cm，宽 2 ~ 3 cm，边缘有锯齿，基部圆形到楔形，先端渐尖或尾状。叶脉单一或分叉，两面明显，常有超过孢子囊群的倒行假脉。孢子囊群靠近叶缘 1 ~ 3 mm 着生，由 18 ~ 24 个孢子囊组成。孢子近球形，3 裂缝，表面多为瘤状纹饰，少数短条纹状纹饰。

▶**孢粉期**　孢子期 6—10 月。

▶**分　　布**　云南、广西。

▶**生　　境**　生于海拔 400 ~ 1600 m 的杂木林、常绿阔叶林及混交林下或溪边。

▶**用　　途**　观赏。

▶**致危因素**　生境退化或丧失、直接采挖或砍伐。

伊藤氏莲座蕨

(合囊蕨科　Marattiaceae)

Angiopteris itoi (Shieh) J.M. Camus

国家重点保护级别	CITES 附录	IUCN 红色名录
二级		极危（CR）

▶**形态特征**　陆生植物，高约 1.5 m。根状茎肉质肥厚，直立。叶簇生，叶柄长 60～100 cm，直径宽 0.5 cm，肉质，绿色，基部被深棕色鳞片；当叶片为完全一回时，叶柄中部有一膨大的节状突起。叶片宽卵形，一回到二回羽状；羽片 9～12 对，椭圆披针形，长 25～30 cm，宽 3～3.5 cm，边缘波状，基部楔形，向顶端渐尖。叶脉两面明显，一般为单脉或分叉，假脉长，可延长到中肋一半以上。孢子囊群长线形，中生，由 10～90 个孢子囊组成，长可达 1 cm。孢子近球形，无明显裂缝，表面为刺状纹饰。染色体 $2n=120$。

▶**孢 粉 期**　孢子期 6—10 月。

▶**分　　布**　台湾（南投、台北）。

▶**生　　境**　生于海拔 400～600 m 的潮湿浓荫林下。

▶**用　　途**　观赏。

▶**致危因素**　自然种群过小。

阔羽莲座蕨

Angiopteris latipinna (Ching) Z.R. He, W.M. Chu & Christenh.

国家重点保护级别	CITES 附录	IUCN 红色名录
二级		极危（CR）

▶**形态特征**　陆生植物，高 40~85 cm。根状茎肉质膨大，横走，呈背腹性。叶簇生，柄长 30~60 cm，直径宽 0.5 cm，肉质，绿色，密被淡棕色长披针形鳞片；基部以上 20~30 cm 处有一膨大的节状突起。叶片卵状长圆形，长 35~45 cm，宽 26~30 cm，一回羽状。羽片 2~4 对，互生或近对生，阔卵状披针形，长 17~30 cm，宽 4.5~6.5 cm，边缘全缘或略呈波状，基部楔形，向顶端渐尖，并有锯齿。叶脉两面明显，一般为单脉或分叉，无假脉。孢子囊群长线形，位于叶缘和中肋之间，长 1~1.5 cm。孢子近球形，3 裂缝，表面为顶端分叉的棒状纹饰。

▶**孢　粉　期**　孢子期 6—10 月。

▶**分　　布**　云南（河口、屏边）。

▶**生　　境**　生于海拔 1100~1500 m 的常绿阔叶林下或次生常绿阔叶林阴湿处。

▶**用　　途**　观赏。

▶**致危因素**　生境退化或丧失、直接采挖或砍伐。

海金沙叶莲座蕨

（合囊蕨科 Marattiaceae）

Angiopteris lygodiifolia Rosenst.

国家重点保护级别	CITES 附录	IUCN 红色名录
二级		极危（CR）

▶**形态特征** 陆生植物，高 2 ~ 2.5 m。根状茎肉质直立。叶柄粗壮，圆柱形，无瘤状突起。叶片二回羽状，羽叶长卵形或倒披针形，互生，长 35 ~ 70 cm，宽 10 ~ 20 cm，羽轴有明显的狭翅。小羽片 12 ~ 20 对，披针形，长 5 ~ 15 cm，宽 1 ~ 1.2 cm，边缘全缘或有浅锯齿，基部楔形，先端渐尖。叶脉单脉或分叉，在小羽片边上每一厘米处有 12 ~ 15 条侧脉，倒行假脉可延伸至叶缘到主脉的 1/2 处。孢子囊群短线形，长约 1.5 mm，近叶缘 1 mm 处着生，由 6 ~ 10 个孢子囊组成。

▶**孢 粉 期** 孢子期 6—10 月。

▶**分　　布** 台湾。

▶**生　　境** 生于沟壑或河岸。

▶**用　　途** 观赏。

▶**致危因素** 生境退化或丧失、直接采挖或砍伐。

相马氏莲座蕨

Angiopteris somae (Hayata) Makino & Nemoto

国家重点保护级别	CITES 附录	IUCN 红色名录
二级		极危（CR）

▶**形态特征**　陆生植物，高 50 ~ 85 cm。根状茎肉质膨大，斜升，呈背腹性。叶簇生，柄长 20 ~ 70 cm，直径宽 0.5 cm，肉质，绿色，密被棕色披针形且有齿牙的鳞片；基部以上 1/4 ~ 1/3 处有 1（~ 2）膨大的节状突起。叶片一回羽状，羽片 3 ~ 6 对，互生或对生，阔卵状披针形或椭圆形，长 15 ~ 28 cm，宽 3 ~ 5 cm，边缘波状或略呈圆齿，基部楔形，顶端尾状。叶脉两面明显，一般为单脉或分叉，无假脉。孢子囊群长线形，位于叶缘和中肋之间，长 1 ~ 2 cm。染色体 $2n=160$。

▶**孢 粉 期**　孢子期 6—10 月。

▶**分　　布**　台湾。

▶**生　　境**　生于海拔 1100 ~ 1500 m 的林下阴湿处。

▶**用　　途**　观赏。

▶**致危因素**　自然种群过小。

法斗莲座蕨

（合囊蕨科 Marattiaceae）

Angiopteris sparsisora Ching

国家重点保护级别	CITES 附录	IUCN 红色名录
二级		极危（CR）

▶**形态特征** 陆生植物，高 1～1.5 m。根状茎肉质，横卧，呈背腹性。叶柄粗壮，直径约 0.8 cm，光滑无瘤，疏被暗棕色披针形鳞片；当叶为一回羽状或仅下部二回羽状时，叶柄上部有一个肉质膝状膨大的节。叶片近三角形，一至二回羽状。羽片 6～12 对，长圆形，互生或近对生，长 45～55 cm，宽 18～23 cm，羽轴有明显的狭翅。小羽片 15～30 对，披针形或长椭圆形，长 12～20 cm，宽 2～3.5 cm，边缘波状，基部楔形或阔楔形，先端渐尖。叶脉单脉或分叉，两面明显，假脉缺失或不明显。孢子囊群短线形，距叶边缘 2～3 mm 着生，由 10～16 个孢子囊组成。孢子近球形，3 裂缝，表面多为瘤状纹饰，少数短条纹状纹饰。

▶**孢 粉 期** 孢子期6—10月。

▶**分　　布** 云南（法斗）。

▶**生　　境** 生于海拔 1500～1550 m 的常绿阔叶林下。

▶**用　　途** 观赏。

▶**致危因素** 自然种群过小。

圆基莲座蕨

（合囊蕨科　Marattiaceae）

Angiopteris subrotundata (Ching) Z.R. He & Christenh.

国家重点保护级别	CITES 附录	IUCN 红色名录
二级		极危（CR）

▶**形态特征**　陆生植物，高 50～120 cm。根状茎肉质膨大，长而横走，呈背腹性。叶簇生，柄长 30～70 cm，直径宽 0.5 cm，肉质，绿色，基部密被边缘有睫毛的淡棕色长披针形鳞片；基部以上 20～30 cm 处有一膝状肉质膨大的节状突起。叶片宽卵形，一回羽状。羽片 4～6 对，平行阔披针形，长 10～30 cm，宽 2.5～7.5 cm，边缘全缘或略呈波状，基部圆形或亚圆形，向顶端渐尖，并有锯齿。叶脉两面明显，一般为单脉或分叉，无假脉。孢子囊群长线形，相距较远，位于叶缘和中肋之间，长 0.8～1.2 cm。孢子近球形，无明显裂缝，表面为刺状纹饰。

▶**孢粉期**　孢子期 6—10 月。

▶**分　　布**　云南（西畴、马关、麻栗坡）。

▶**生　　境**　生于海拔 1000～1300 m 的林下沟边。

▶**用　　途**　观赏。

▶**致危因素**　生境退化或丧失、直接采挖或砍伐。

素功莲座蕨

（合囊蕨科　Marattiaceae）

Angiopteris sugongii Gui L. Zhang, J.Y. Xiang & Ting Wang

国家重点保护级别	CITES 附录	IUCN 红色名录
二级		极危（CR）

▶**形态特征**　陆生植物，高可达 1.5 m。根状茎肉质膨大，横走斜升，呈背腹性。叶簇生，柄长 50 ~ 120 cm，直径宽 0.7 ~ 1.5 cm，肉质，绿色，密被盾状着生的红棕色披针形鳞片；当叶片为完全一回时，叶柄中部有一膨大的节状突起。叶片宽卵圆形，长 22 ~ 90 cm，中部宽 25 ~ 60 cm；一回到二回羽状；羽片 5 ~ 12 对，宽披针形，长 25 ~ 35 cm，宽 3 ~ 5.5 cm，边缘具粗齿牙，基部圆楔形，向顶端渐尖。小羽片 6 ~ 12 对，阔披针形，长 4 ~ 20 cm，宽 2 ~ 3.5 cm，基部圆楔形，先端渐尖。叶脉两面明显，一般为单脉或分叉，无假脉。孢子囊群长线形，距离叶边缘 1 ~ 2 mm 着生，由 20 ~ 80 个孢子囊组成，长可达 1.2 cm。孢子近球形，3 裂缝，表面多为刺状纹饰。染色体 2n=80。

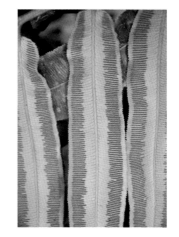

▶**孢 粉 期**　孢子期 6—10 月。

▶**分　　布**　云南（河口）。

▶**生　　境**　生于海拔 250 ~ 800 m 的自然林或人工林下。

▶**用　　途**　观赏。

▶**致危因素**　生境破碎化或丧失、自然种群过小。

三岛莲座蕨

（合囊蕨科　Marattiaceae）

Angiopteris tamdaoensis (Hayata) J.Y. Xiang & Ting Wang

国家重点保护级别	CITES 附录	IUCN 红色名录
二级		极危（CR）

▶**形态特征**　陆生植物，高 50～100 cm。根状茎肉质膨大，横走，呈背腹性。叶簇生，柄长 40～45 cm，直径宽 0.5 cm，肉质，绿色，疏生棕色披针形而有齿牙的鳞片；基部以上 20～30 cm 处有一膨大的节状突起。叶片阔卵圆形，一回羽状。羽片 2～4 对，互生或对生，卵状披针形，长 20～25 cm，宽 4～5 cm，边缘有尖锯齿，基部楔形，向顶端长渐尖。叶脉两面明显，一般为单脉或分叉，无假脉。孢子囊群长线形，位于叶缘和中肋之间，长 0.7～1 cm。孢子近球形，无明显裂缝，表面为刺状纹饰。

▶**孢　粉　期**　孢子期 6—10 月。

▶**分　　　布**　海南（琼中、乐东）。

▶**生　　　境**　生于海拔 1000～1300 m 的山谷密林下或溪边阴湿处。

▶**用　　　途**　观赏。

▶**致危因素**　生境退化或丧失、直接采挖或砍伐。

尖叶莲座蕨

(合囊蕨科　Marattiaceae)

Angiopteris tonkinensis (Hayata) J.M. Camus

国家重点保护级别	CITES 附录	IUCN 红色名录
二级		极危（CR）

▶**形态特征**　陆生植物，高 50~70 cm。根状茎肉质膨大，横走斜升，呈背腹性。叶簇生，柄长 30~40 cm，直径宽 0.5 cm，肉质，绿色，密被盾状着生的红棕色长披针形鳞片；叶柄中部有一膨大的节状突起。叶片阔卵圆形，一回羽状。羽片 2~3 对，互生或对生，卵状披针形，长 25~28 cm，宽 5~6 cm，边缘有尖锯齿，基部楔形，向顶端长渐尖。叶脉两面明显，一般为单脉或分叉，无假脉。孢子囊群聚合囊型，距叶边缘 3~5 mm 着生，长 0.4~0.6 cm。孢子近球形，无明显裂缝，表面为刺状纹饰。

▶**孢　粉　期**　孢子期 6—10 月。

▶**分　　　布**　云南（麻栗坡）、广西（靖西）。

▶**生　　　境**　生于海拔 850 m 的自然林下。

▶**用　　　途**　观赏。

▶**致危因素**　生境破碎化或丧失、自然种群过小。

西藏莲座蕨

（合囊蕨科　Marattiaceae）

Angiopteris wallichiana C. Presl

国家重点保护级别	CITES 附录	IUCN 红色名录
二级		易危（VU）

▶**形态特征**　陆生植物，高 2 ~ 3 m。根状茎肉质直立。叶柄粗壮，直径 1 ~ 2 cm，光滑无瘤，向轴面具浅沟槽。叶片二回羽状，羽片长圆形，长 35 ~ 70 cm，宽 15 ~ 30 cm。小羽片 15 ~ 18 对，披针形，基部与其上的小羽片几同大，长 8 ~ 15 cm，宽 1 ~ 2 cm，边缘浅锯齿，基部圆形到楔形，先端渐尖头。叶脉单脉或分叉，两面明显，假脉超过孢子囊群，最长可达叶缘到主脉的一半。孢子囊群短线形，距叶边缘 0.5 mm 着生，由 12 ~ 14 个孢子囊组成。孢子近球形，3 裂缝，表面多为瘤状纹饰，少数短条纹状纹饰。

▶**孢　粉　期**　孢子期 6—10 月。

▶**分　　　布**　西藏、云南。

▶**生　　　境**　生于海拔 300 ~ 1800 m 的热带沟谷雨林下或溪沟边。

▶**用　　　途**　观赏。

▶**致危因素**　生境退化或丧失、直接采挖或砍伐。

王氏莲座蕨

Angiopteris wangii Ching

（合囊蕨科　Marattiaceae）

国家重点保护级别	CITES 附录	IUCN 红色名录
二级		易危（VU）

▶**形态特征**　陆生植物，高 2 ~ 4 m。根状茎肥大直立。叶柄粗壮，向轴面具浅沟槽，沿沟槽有瘤状突起。叶片卵状三角形，长 1 ~ 2.5 m，宽 80 ~ 120 cm，二回羽状。羽片倒披针形或倒卵形，长40 ~ 60 cm，宽 15 ~ 20 cm，羽轴有明显的狭翅或缺失。小羽片 25 ~ 27 对，披针形、倒披针形或阔披针形，长 12 ~ 15 cm，宽 3 ~ 5 cm，边缘有锯齿或浅锯齿，基部圆形到圆楔形，先端渐尖。叶脉单一或分叉，两面明显，倒行假脉延伸到孢子囊群。孢子囊群近叶缘 1 ~ 3 mm 着生，由 18 ~ 20 个孢子囊组成。孢子近球形，3 裂缝，表面为稀疏瘤状纹饰。

▶**孢　粉　期**　孢子期 6—10 月。

▶**分　　　布**　云南、广西。

▶**生　　　境**　生于海拔 400 ~ 1600 m 的常绿阔叶林下。

▶**用　　　途**　观赏。

▶**致危因素**　生境退化或丧失、直接采挖或砍伐。

▶**备　　　注**　王崇云在 2012 年报道本种可能是由叶柄具深沟槽的云南莲座蕨和叶柄有瘤状突起的河口莲座蕨杂交而形成的特化种，形态特征介于两者之间，但其亲缘关系还需要进一步证实。

云南莲座蕨

（合囊蕨科　Marattiaceae）

Angiopteris yunnanensis Hieron.

国家重点保护级别	CITES 附录	IUCN 红色名录
二级		易危（VU）

▶**形态特征**　陆生植物，高 2 ~ 5 m。根状茎肉质直立。叶柄粗壮，直径 2 ~ 2.5 cm，向轴面具深沟槽，横切面为"U"形，无瘤状突起。叶片卵状三角形，长 1.5 ~ 2.5 m，宽 80 ~ 120 cm，二回羽状。羽片 6 ~ 12 对，倒披针形、倒卵形、长椭圆形或披针形，互生，长 60 ~ 80 cm，宽 20 ~ 25 cm，羽轴有明显的狭翅。小羽片 15 ~ 30 对，披针形或长椭圆形，长 12 ~ 20 cm，宽 2 ~ 3.5 cm，边缘全缘或有浅锯齿，基部心形、圆形或截形，先端渐尖或尾状。叶脉多分叉，两面明显，假脉超过孢子囊群。孢子囊群短线形，靠近叶缘着生，由 13 ~ 15 个孢子囊组成。孢子近球形，3 裂缝，表面多为瘤状纹饰，少数短条纹状纹饰。

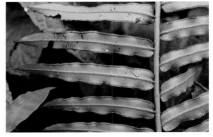

▶**孢　粉　期**　孢子期 6—10 月。

▶**分　　　布**　云南、广西。

▶**生　　　境**　生于海拔 100 ~ 1200 m 的常绿阔叶林及沟谷雨林下。

▶**用　　　途**　观赏。

▶**致危因素**　生境退化或丧失、直接采挖或砍伐。

天星蕨

（合囊蕨科 Marattiaceae）

Christensenia aesculifolia (Blume) Maxon

国家重点保护级别	CITES 附录	IUCN 红色名录
二级		极危（CR）

▶**形态特征** 多年生土生植物，植株中小型。根状茎横走，肉质粗肥，下面生出肉质粗长根。叶疏生或近生；叶柄长 30～40 cm，多汁草质，干后扁平，多少被细毛，基部有两片肉质小托叶；叶片广卵形，长达 25 cm，宽 17 cm，基部近心脏形，不分裂或分裂为 3 小叶状；中央羽片较大，长达 23 cm，中部宽达 12 cm，阔椭圆形，渐尖头，基部短楔形，有短柄；侧生羽片较小，长达 20 cm，中部宽 6～7 cm，阔镰刀形，长渐尖头，基部不对称，上侧楔形，下侧圆形，无柄，边缘全缘或多少呈波形。叶草质，上面光滑，被头垢状的红棕色短茸毛；中肋及侧面粗而明显，侧脉斜向上，平行，稍弯弓，相距约 1.5 cm，几达于叶边，中间小脉为网状，不明显，网眼有内藏小脉。孢子囊群圆形，群散生于侧脉之间，生于小脉交汇处，由 10 余个船形孢子囊融合而成。

▶**分　　布** 云南（金平）；印度、缅甸。

▶**生　　境** 生于海拔 900 m 的石灰岩上。

▶**用　　途** 观赏以及重要的科学价值。

▶**致危因素** 生境退化或丧失。

金毛狗

Cibotium barometz (L.) J. Sm.

国家重点保护级别	CITES 附录	IUCN 红色名录
二级		

▶**形态特征**　多年生土生植物。根状茎粗大，横卧。叶柄长达 1.2 m，粗壮，直径达 2～3 cm，棕褐色，光滑，基部被一大丛垫状的金黄色长茸毛；叶片大，长达 1.8 m，长宽近相等，广卵状三角形，三回羽状分裂；下部羽片为长圆形，长达 80 cm，宽 20～30 cm，有柄，互生，远离；一回小羽片长约 15 cm，宽 2.5 cm，互生，开展，接近，有小柄，线状披针形，长渐尖，基部圆截形，羽状深裂几达小羽轴；末回裂片线形略呈镰刀形，上部的向上斜出，边缘有浅锯齿，向先端较尖；中脉两面凸出，侧脉两面隆起，斜出，单一，但在不育羽片上分为二叉。叶几为革质或厚纸质，干后上面褐色，有光泽，下面为灰白或灰蓝色。孢子囊群每裂片 1～5 对，生于下部的小脉顶端；囊群盖坚硬，棕褐色，横长圆形，两瓣状，内瓣较外瓣小，成熟时张开如蚌壳，露出孢子囊群。

▶**分　　布**　云南、贵州、四川、重庆、广东、广西、福建、台湾、海南、浙江、江西、湖南。

▶**生　　境**　生于山麓沟边及林下阴处酸性土上。

▶**用　　途**　根状茎顶端的长软毛可作为止血剂，也可栽培为观赏植物。

▶**致危因素**　生境退化或丧失、过度采挖。

台湾金毛狗

（金毛狗科 Cibotiaceae）

Cibotium cumingii Kunze

国家重点保护级别	CITES 附录	IUCN 红色名录
二级		

▶**形态特征** 大型地生草本植物。根茎粗、短，横走状，密被金黄色多细胞毛。叶柄长约 1.2 m，粗壮，叶柄及叶轴绿色至棕褐色，柄基部被覆与茎相同的毛；叶片基部的羽片或小羽片有一侧会缺失，呈不对称。孢子囊群着生于相邻裂片缺刻内，每裂片 2～3 对；孢膜蚌壳状，革质。

▶**分　　布** 台湾；菲律宾。

▶**生　　境** 生于海拔 1000 m 以下的丘陵或山地的疏林、路旁、山坡。

▶**用　　途** 观赏、药用。

▶**致危因素** 未知。

中缅金毛狗

Cibotium sino-burmaense X.C.Zhang & S.Q.Liang

国家重点保护级别	CITES 附录	IUCN 红色名录
二级		

▶**形态特征**　多年生植物。根状茎粗大，横卧，密被亮黄褐色长茸毛。叶柄粗壮，长达 80 cm，基部棕黑色至紫黑色，密被亮黄褐色长茸毛，上部渐变为绿色，疏被细小贴伏的软毛。叶片大，长达 3 m，卵形，二回羽状分裂，近革质，近轴面深绿色，有光泽，远轴面灰蓝色；羽片 8 ~ 10 对，互生，有柄，中部羽片最长，60 ~ 80 cm，宽 20 ~ 30 cm，基部羽片略有缩短，具 30 对以上小羽片，下部羽片下侧小羽片存在或仅有 1 枚缺失，稀见 2 枚缺失；小羽片互生，具短柄，羽状深裂几达小羽轴，小羽轴远轴面被细小软毛，同一羽片的下侧小羽片长度显著短于上侧（约为 1/2）；末回裂片互生，近镰刀形，边缘有浅锯齿，顶端急尖。孢子囊群椭圆形或球形，每裂片 4 ~ 8 对，有时多于 10 对；囊群盖坚硬，淡绿色至棕褐色，两瓣状，内瓣较外瓣小，成熟时张开如蚌壳，露出孢子囊群；孢子为三角状的四面体，单黄色，近透明，远极面具脊状隆起。

▶**分　　布**　云南；缅甸。

▶**生　　境**　生于开阔的石壁上。

▶**用　　途**　未知。

▶**致危因素**　未知。

中华桫椤（毛肋桫椤）

(桫椤科　Cyatheaceae)

Alsophila costularis Baker

国家重点保护级别	CITES 附录	IUCN 红色名录
二级	附录 II	无危（LC）

▶**形态特征**　主干高 5 ~ 10（~ 15）m；叶柄棕色，具短刺或疣状突起，下部至基部被棕色狭披针形鳞片；鳞片边缘细胞变薄，边缘多少啮蚀状；叶片二回羽状，小羽片深裂；羽片无柄，中部以下对生，羽轴远轴面被毛；小羽片无柄，线状披针形，深裂 2/3 或几达小羽轴，小羽轴两面密被淡棕色针状毛，连同裂片主脉在远轴面上疏被勺状淡棕色鳞片；裂片边缘有圆齿或圆齿状浅裂；叶脉分离，侧脉达 10 对，多数 2 叉，少数 3 叉或单一；孢子囊群球形，着生于侧脉分叉处，靠近主脉，每裂片 3 ~ 7 对，裂片远端不育；囊群盖杯形，膜质，成熟时不规则破裂，仅在裂片中肋一侧残留。

▶**分　　布**　广东、广西、云南、西藏；印度、不丹、尼泊尔、缅甸、泰国、越南、老挝。

▶**生　　境**　生于海拔 700 ~ 2100 m 的山地常绿林中。

▶**用　　途**　观赏。

▶**致危因素**　生境破坏、人工砍伐。

兰屿桫椤

（桫椤科　Cyatheaceae）

Alsophila fenicis (Copel.) C. Chr.

国家重点保护级别	CITES 附录	IUCN 红色名录
二级	附录 II	易危（VU）

▶**形态特征**　主干高约 1 m；叶柄棕色，或远轴面红棕色、近轴面禾秆色，具短刺，下部具棕色披针形鳞片；鳞片边缘细胞变薄，边缘多少呈啮蚀状；叶片椭圆形，二回羽状，小羽片深裂；羽片互生，下部羽片具柄，羽轴远轴面无毛；小羽片无柄，线状披针形，深裂 2/3 或几达小羽轴，小羽轴近轴面密被淡棕色针状毛，远轴面疏被淡棕色卵形鳞片；裂片边缘有浅圆齿或锯齿；叶脉分离，侧脉 8～10 对，多数 2 叉，少数单一；孢子囊群球形，着生于侧脉分叉处，靠近主脉，每裂片 4～6 对，裂片远端不育；囊群盖浅杯形或鳞片状，被压于孢子囊群之下，膜质，不易见。

▶**分　　布**　台湾；菲律宾。

▶**生　　境**　生于海拔 100～400 m 的低地常绿林中。

▶**用　　途**　观赏。

▶**致危因素**　生境破坏、人为砍伐。

阴生桫椤

（桫椤科 Cyatheaceae）

Alsophila latebrosa Wall. ex Hook.

国家重点保护级别	CITES 附录	IUCN 红色名录
二级	附录 II	无危（LC）

▶**形态特征** 主干高 3~5 m；叶柄棕色，生活状态下远轴面栗色、近轴面绿色，无刺或基部有短刺，下部具棕色狭披针形鳞片；鳞片边缘细胞变薄，边缘多少呈啮蚀状；叶片椭圆形，二回羽状，小羽片羽状深裂；羽片无柄，中下部的往往对生或近对生，向上的互生，羽轴远轴面无毛；小羽片无柄或较大的略有短柄，线状披针形，羽状深裂几达小羽轴，小羽轴近轴面密被淡棕色针状毛，远轴面被卵状披针形鳞片，鳞片基部泡状，裂片主脉远轴面的鳞片明显泡状；裂片边缘有浅齿或浅裂；叶脉分离，侧脉 8~10 对，多数 2 叉，少数单一；孢子囊群球形，着生于侧脉分叉处，靠近主脉，每裂片 4~7 对，裂片远端不育；囊群盖鳞片状，被压于孢子囊群之下，成熟时仅在近裂片中肋一侧可见。

▶**分　　布** 海南、云南、广西；缅甸、老挝、柬埔寨、越南、泰国、马来西亚、印度尼西亚。

▶**生　　境** 生于海拔 300~1300 m 的山地林下，多见于小路或溪边阴湿处。

▶**用　　途** 观赏。

▶**致危因素** 生境破坏、人为砍伐。

南洋桫椤

（桫椤科　Cyatheaceae）

Alsophila loheri (Christ) R.M. Tryon

国家重点保护级别	CITES 附录	IUCN 红色名录
二级	附录 II	近危（NT）

▶**形态特征**　主干高可达 5 m；叶柄棕色，无刺，被灰白色、卵状披针形鳞片；鳞片边缘细胞变薄，边缘多少呈啮蚀状；叶片椭圆形，三回羽状；羽片无柄或基部的有短柄，通常互生（或下部的几对对生或近对生），羽轴远轴面无毛；小羽片无柄，线状披针形，一回羽状，小羽轴近轴面密被淡棕色针状毛，远轴面被灰白色、阔披针形或卵状披针形鳞片，鳞片基部往往泡状，裂片主脉远轴面密被泡状鳞片；裂片边缘波状或浅圆齿状，往往明显内卷；叶脉分离，侧脉 10 ~ 14 对，二叉或远端的单一；孢子囊群球形，着生于侧脉分叉处，紧靠裂片主脉，每裂片 5 ~ 8 对，裂片远端不育；囊群盖球形，包被整个孢子囊群，成熟后顶部开裂，宿存。

▶**分　　布**　台湾；菲律宾、印度尼西亚、马来西亚。

▶**生　　境**　生于海拔 800 ~ 1800 m 的山地林下。

▶**用　　途**　观赏。

▶**致危因素**　生境破坏、人工砍伐。

桫椤（刺桫椤）

(桫椤科　Cyatheaceae)

Alsophila spinulosa (Wall. ex Hook.) R.M. Tryon

国家重点保护级别	CITES 附录	IUCN 红色名录
二级	附录Ⅱ	近危（NT）

▶**形态特征**　主干高可达 8 m 或更高；叶柄暗红棕色或栗色，具尖刺，被棕色披针形鳞片；鳞片边缘细胞变薄，边缘多少呈啮蚀状；叶片椭圆形，三回羽状；羽片无柄或下部的有柄，互生或下部的 2 ~ 3 对近对生，羽轴远轴面无毛；小羽片无柄，线状披针形，羽状深裂几达小羽轴，小羽轴近轴面密被淡棕色针状毛，远轴面被棕色卵状小鳞片，鳞片基部有时略为泡状；裂片边缘有圆齿或尖锯齿；叶脉分离，侧脉 8 ~ 12 对，二叉或远端的单一；孢子囊群球形，着生于侧脉分叉处，紧靠裂片主脉，每裂片 4 ~ 8 对，裂片远端不育；囊群盖球形，成熟后顶部开裂，往往只在裂片中脉一侧残留。

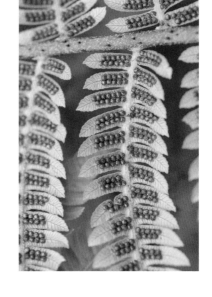

▶**分　　布**　福建、台湾、广东、海南、香港、广西、贵州、云南、四川、重庆、湖南、西藏；日本、越南、老挝、泰国、缅甸、孟加拉国、不丹、尼泊尔、印度。

▶**生　　境**　生于海拔 200 ~ 1600 m 的山地溪边或疏林中。

▶**用　　途**　观赏。

▶**致危因素**　生境破坏、人为采集或砍伐。

毛叶黑桫椤（毛叶桫椤）

（桫椤科　Cyatheaceae）

Gymnosphaera andersonii (J. Scott ex Bedd.) Ching & S.K. Wu

国家重点保护级别	CITES 附录	IUCN 红色名录
二级	附录 II	濒危（EN）

▶**形态特征**　主干高 1～3 m；叶柄栗色，粗糙或有小疣突，两侧被有平展的棕色狭披针形鳞片；鳞片边缘细胞变薄，边缘多少呈啮蚀状；叶片椭圆形，二回羽状，小羽片羽状深裂；羽片有柄或无柄，互生或下部的对生或近对生，羽轴远轴面被毛；小羽片无柄或有短柄，线状披针形，羽状深裂，小羽轴两面被有针状毛，远轴面间或有稀疏线状披针形鳞片；裂片边缘有锯齿；叶脉分离，侧脉 4～8 对，单一，偶见二叉；孢子囊群球形，生于小脉背部，每裂片 4～7 对，排列为"V"形或近"V"形；囊群盖缺失。

▶**分　　布**　云南、西藏（墨脱）；缅甸、印度。

▶**生　　境**　生于海拔 300～1300 m 的山地林下或林缘。

▶**用　　途**　观赏。

▶**致危因素**　生境破坏或丧失、人为砍伐。

滇南黑桫椤（滇南桫椤）

（桫椤科 Cyatheaceae）

Gymnosphaera austroyunnanensis (S.G. Lu) S.G. Lu & Chun X. Li

国家重点保护级别	CITES 附录	IUCN 红色名录
二级	附录 II	濒危（EN）

▶**形态特征** 主干高可达 8 ~ 10 m；叶柄为光亮的乌木色，下部有尖刺，近基部密被棕色披针形鳞片；鳞片边缘细胞变薄，边缘多少呈啮蚀状；叶片椭圆形，二回羽状，小羽片羽状深裂，基部生有 1 个至数个显著狭缩的能育羽片；羽片具柄，互生，羽轴远轴面无毛；小羽片有短柄，线状披针形，羽状深裂，小羽轴近轴面密被棕色短毛，远轴面被卵形、披针形或不规则鳞片；裂片边缘圆齿状或浅裂；叶脉分离，侧脉 9 ~ 11 对，二叉或远端的单一；孢子囊群球形，满布于能育裂片的远轴面，每裂片 9 ~ 10 对，彼此紧密排列为 2 列；囊群盖缺失。

▶**分　　布** 云南；越南。

▶**生　　境** 生于海拔 800 ~ 1500 m 的山地雨林中。

▶**用　　途** 观赏。

▶**致危因素** 生境破坏或丧失、人为砍伐。

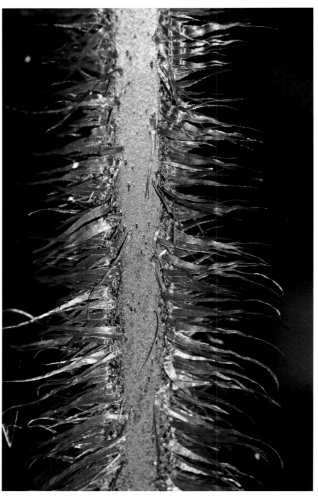

平鳞黑桫椤

Gymnosphaera henryi (Baker) S.R. Ghosh

国家重点保护级别	CITES 附录	IUCN 红色名录
二级	附录 II	无危（LC）

▶**形态特征**　主干高 0.5 ~ 3.5 m；叶柄为光亮的栗色或乌木色，不具或基部少见有短刺，两侧通体密被平展的棕色披针形鳞片；鳞片边缘细胞变薄，边缘多少呈啮蚀状；叶片椭圆形，二回羽状，小羽片羽状深裂；羽片无柄，中部以下的对生，羽轴远轴面无毛；小羽片无柄或略具短柄，线状披针形，羽状深裂，小羽轴近轴面密被棕色短毛，远轴面有棕色小鳞片；裂片边缘有浅圆齿或尖齿；叶脉分离，侧脉 6 ~ 7（~ 10）对，单一，很少分叉；孢子囊群球形，着生于小脉中部，每裂片 5 ~ 8 对，呈 "V" 形排列；囊群盖缺失。

▶**分　　布**　云南、广西、广东、海南；越南、老挝、缅甸南部。

▶**生　　境**　生于海拔 1500 m 以下的山谷林下或林缘沟边。

▶**用　　途**　观赏。

▶**致危因素**　生境破坏、人工砍伐。

喀西黑桫椤（西亚桫椤、西亚黑桫椤）　　（桫椤科　Cyatheaceae）

Gymnosphaera khasyana (T. Moore ex Kuhn) Ching

国家重点保护级别	CITES 附录	IUCN 红色名录
二级	附录 Ⅱ	濒危（EN）

▶**形态特征**　主干高可达 5 m；叶柄栗色，无刺，基部密被棕色披针形鳞片；鳞片边缘细胞变薄，边缘多少呈啮蚀状；叶片椭圆形，二回羽状，小羽片羽状深裂；羽片通常有短柄，互生，羽轴远轴面无毛；小羽片无柄或略具短柄，线状披针形，羽状深裂，小羽轴近轴面密被棕色短毛，远轴面有披针形小鳞片，鳞片多少呈泡状；裂片边缘圆齿状或浅裂；叶脉分离，侧脉 8～9 对，单一或分叉；孢子囊群球形，着生于小脉中部，靠近中脉，每裂片 4～5 对；囊群盖缺失。

▶**分　　布**　云南、西藏；缅甸、印度北部、不丹、尼泊尔。

▶**生　　境**　生于海拔 1000～1800 m 的常绿阔叶林下。

▶**用　　途**　观赏。

▶**致危因素**　生境破坏或丧失、人工砍伐。

113

黑桫椤（鬼桫椤）

（桫椤科　Cyatheaceae）

Gymnosphaera podophylla (Hook.) Copel.

国家重点保护级别	CITES 附录	IUCN 红色名录
二级	附录 Ⅱ	无危（LC）

▶**形态特征**　主干高 1~3 m；叶柄红棕色，无刺或有时具短刺，下部至基部被棕色披针形鳞片；鳞片边缘细胞变薄，边缘多少呈啮蚀状；叶片椭圆形，二回羽状；羽片有柄，互生，羽轴远轴面无毛；小羽片有短柄，线状披针形，波状或浅裂，小羽轴近轴面密被棕色短毛，远轴面被棕色小鳞片；叶脉分离，侧脉 3~4 对，单一；孢子囊群球形，着生于小脉基部或近基部，靠近裂片主脉，每裂片 3~4 对，略呈"V"形；囊群盖缺失。

▶**分　　布**　台湾、福建、广东、香港、海南、广西、云南、贵州；日本、越南、老挝、泰国、柬埔寨。

▶**生　　境**　生于海拔 100~1100 m 的山地常绿阔叶林下。

▶**用　　途**　观赏。

▶**致危因素**　生境破坏、人工采集或砍伐。

白桫椤

（桫椤科　Cyatheaceae）

Sphaeropteris brunoniana (Wall. ex Hook.) R.M. Tryon

国家重点保护级别	CITES 附录	IUCN 红色名录
二级	附录 II	易危（VU）

▶**形态特征**　主干高达 10 m 或更高；叶柄生活状态下为鲜绿色（或远轴面有时为棕色），无刺，基部密被灰白色披针形鳞片；鳞片各处细胞质地均一，边缘有整齐的刚毛状齿；叶片椭圆形，二回羽状，小羽片羽状深裂；羽片有柄，互生，羽轴远轴面无毛；小羽片无柄或下部近叶轴的略有短柄，线状披针形，羽状深裂几达小羽轴，小羽轴近轴面被淡棕色短毛，远轴面有少数小鳞片；裂片边缘波状或有缺刻状小齿；叶脉分离，侧脉 8～12 对，二至三叉或远端的单一；孢子囊群球形，着生于侧脉分叉处，紧靠裂片主脉，每裂片 5～9 对，裂片远端不育；囊群盖缺失。

▶**分　　布**　广东、海南、广西、云南、西藏；孟加拉国、不丹、印度、缅甸、尼泊尔、越南。

▶**生　　境**　生于海拔 200～1300 m 的山地溪边或疏林中。

▶**用　　途**　观赏。

▶**致危因素**　生境破坏、人为砍伐。

笔筒树

（桫椤科　Cyatheaceae）

Sphaeropteris lepifera (J. Sm. ex Hook.) R.M. Tryon

国家重点保护级别	CITES 附录	IUCN 红色名录
二级	附录Ⅱ	无危（LC）

▶**形态特征**　主干高达 8 m 或更高；叶柄生活状态下为绿色，无刺，下部至基部密被灰白色线形鳞片；鳞片各处细胞质地均一，边缘有整齐的刚毛状齿；叶片椭圆形，二回羽状，小羽片羽状深裂或近三回羽状；羽片有柄，互生，羽轴远轴面无毛；小羽片无柄，线状披针形，羽状深裂几达小羽轴，小羽轴近轴面被淡棕色短毛，远轴面被卵形小鳞片；裂片边缘近全缘或浅圆齿状；叶脉分离，侧脉 9 ~ 12 对，二至三叉或远端的单一；孢子囊群球形，着生于侧脉分叉处，中生或略靠近裂片主脉，每裂片 6 ~ 9 对，裂片远端不育；囊群盖缺失。

▶**分　　布**　台湾、福建、广东、香港；菲律宾；琉球群岛。

▶**生　　境**　生于海拔 1500 m 以下的山地林缘。

▶**用　　途**　观赏。

▶**致危因素**　生境破坏、人工砍伐。

荷叶铁线蕨

（凤尾蕨科　Pteridaceae）

Adiantum nelumboides X.C. Zhang

国家重点保护级别	CITES 附录	IUCN 红色名录
一级		极危（CR）

▶**形态特征**　多年生岩生植物，植株小型，高 5 ~ 20 cm。根状茎短而直立，先端密被棕色披针形鳞片和多细胞的细长柔毛。叶簇生，单叶；叶柄长 3 ~ 14 cm，粗 0.5 ~ 1.5 mm，深栗色，基部密被与根状茎上相同的鳞片和柔毛，向上直达叶柄顶端均密被棕色多细胞的长柔毛，但干后易被擦落；叶片圆形或圆肾形，直径 2 ~ 6 cm，叶片深心形，不育叶片的边缘有圆钝齿牙，能育叶边缘向内反卷致使边缘锯齿不明显，叶片下面被稀疏的棕色多细胞的长柔毛；叶脉由基部向四周辐射，多回二叉分枝，两面可见。叶干后草绿色，纸质或坚纸质。囊群盖圆形或近长方形，上缘平直，沿叶边分布，彼此接近或有间隔，褐色，膜质，宿存。

▶**分　　布**　重庆（万州、涪陵、石柱）。中国特有种。

▶**生　　境**　生于海拔 175 ~ 350 m 覆有薄土的岩石上及石缝中。

▶**用　　途**　药用，也可作盆栽观赏。

▶**致危因素**　生境破碎化或丧失、过度利用。

117

粗梗水蕨

（凤尾蕨科　Pteridaceae）

Ceratopteris chingii Y.H. Yan & Jun H. Yu

国家重点保护级别	CITES 附录	IUCN 红色名录
二级		易危（VU）

▶**形态特征**　一年生的半水生植物。株高 10～41 cm，柔软多汁，幼时绿色，年老时带褐色。根状茎漂浮于水面或深入泥土。鳞片稀疏在叶柄先端，带褐色透明。叶二型。不育叶长 1～10 cm，叶柄长 1～7 cm，叶柄基部宽 0.3～2 cm，绿色、光滑，半圆柱形，内部具有不规则的气孔道；叶片卵形三角形，长 2～7 cm，二回羽状，顶生羽片钝，裂片三角形至宽齿状。可育叶近椭圆形，长 10～33 cm；叶柄长 3～12 cm，宽 0.3～3 cm；叶片长 4～15 cm，三回羽状，基部圆楔形或圆截形，先端渐尖；顶端裂片线形，锐尖或渐狭，羽片 3 cm×6 cm，互生，卵形或狭三角形。孢子为四面体球形，孢子表面光滑，具有长而低的光滑的网脊，脊分叉较多。二倍体，染色体 $2n=78$。

▶**孢 粉 期**　孢子期 8—10 月。

▶**分　　布**　安徽（巢湖）、湖南（岳阳）。

▶**生　　境**　生于沼泽、河沟、稻田或水塘等湿地。

▶**用　　途**　嫩叶可食用。

▶**致危因素**　生境受鱼塘养殖等人为干扰严重。

焕镛水蕨

（凤尾蕨科　Pteridaceae）

Ceratopteris chunii Y.H. Yan

国家重点保护级别	CITES 附录	IUCN 红色名录
二级		易危（VU）

▶**形态特征**　一年生的半水生植物。株高 7 ~ 27 cm，柔软多汁，幼时绿色，年老时带褐色。根状茎直立生长，具有茂密的根。叶柄基部稀疏分布带有褐色透明的鳞片。叶簇生，二型叶。不育叶长 13 ~ 23 cm；叶柄长 4 ~ 11 cm，叶柄基部宽 0.1 ~ 0.3 cm，为绿色，半圆柱形；叶片长 2 ~ 4 cm，二至三回羽状，为宽卵形或卵状三角形，先端锐尖，基部圆楔形，羽片长 1 cm×0.5 cm，互生，卵形至长圆形，基部圆楔形。可育叶长 8 ~ 27 cm；叶柄长 4 ~ 12 cm，宽 0.1 ~ 0.3 cm；叶片长 4 ~ 10 cm，二至三回羽状，尾部长圆形或卵状三角形，基部圆楔形或圆截形，先端渐尖；顶端裂片线形，锐尖或渐狭；羽片长 1 cm×4 cm，互生，卵形或狭三角形。孢子为四面体球形，极轴长 131 ~ 141 μm，赤道轴长 139 ~ 143 μm，孢子表面粗糙，具有致密的颗粒沉积物，柱状纹饰较长且杂乱。二倍体，染色体 $2n=78$。

▶**孢 粉 期**　孢子期 8—10 月。

▶**分　　布**　广东（广州、佛山）。

▶**生　　境**　生于水田等湿地。

▶**用　　途**　嫩叶可食用。

▶**致危因素**　生境破碎化或丧失、自然种群过小。

邢氏水蕨

（凤尾蕨科　Pteridaceae）

Ceratopteris shingii Y.H. Yan & Rui Zhang

国家重点保护级别	CITES 附录	IUCN 红色名录
二级		易危（VU）

▶**形态特征**　多年生的半水生植物。根状茎匍匐生长，且长达 1 m，具有茂密的粗根。鳞片稀疏地散落在柄的基部，颜色为棕色。休眠芽头常见于不育叶和可育叶的羽片的窦部，成熟时脱落。叶簇生，二型。不育叶长 8.3～24.2 cm；叶柄长 3.5～8.5 cm；叶片长 4.7～15.5 cm，宽 2.6～5 cm，二至三回羽状；羽片 4～10 对，卵形至长圆形，可达 1 cm×0.5 cm，顶生裂片全缘，卵形至正三角形至长圆形，长 0.3～0.4 cm，宽约 0.1 cm。可育叶与不育叶同形，长 27.7～41 cm；叶柄长 12.3～18.5 cm；叶片长 15.5～22 cm，宽 7～8 cm，三回羽状；羽片 5～9 对，卵形至长圆形，可达 22 cm×7 cm；顶端裂片线形至角形，长 0.4～1.4cm，宽约 0.1 cm，幼嫩时绿色，老时淡棕色。孢子囊群沿主脉两侧生，形大，几无柄，幼时完全为反卷的叶边所覆盖，环带宽而直立，由排列不整齐的 30～70 个加厚的阔细胞组成，裂缝明显或否。四倍体，染色体 2n=154。

▶**孢　粉　期**　孢子期 7—10 月。

▶**分　　　布**　海南（海口、定安）。

▶**生　　　境**　生于死火山口附近的流动水湿地中。

▶**用　　　途**　嫩叶可食用。

▶**致危因素**　生境特殊或破碎化、狭域分布。

水蕨

（凤尾蕨科　Pteridaceae）

Ceratopteris thalictroides (L.) Brongn.

国家重点保护级别	CITES 附录	IUCN 红色名录
二级		易危（VU）

▶**形态特征**　一年生的水生蕨类植物，高可达 70 cm。根状茎短而直立。叶簇生，二型。不育叶的柄长 3~40 cm，绿色圆柱形，肉质不膨胀，光滑无毛；叶片直立或幼时漂浮，有时略短于能育叶，狭长圆形，长 6~30 cm，宽 3~15 cm，先端渐尖，基部圆楔形，二至四回羽状深裂；羽片 5~8 对，卵形或长圆形，先端渐尖。能育叶的柄与不育叶的相同；叶片长圆形或卵状三角形，长 15~40 cm，宽 10~22 cm，先端渐尖，基部圆楔形或圆截形，二至三回羽状深裂；羽片 3~8 对，互生，卵形或长三角形，柄长可达 2 cm；裂片狭线形，渐尖头，角果状，长可达 1.5~4（~6）cm，宽不超过 2 mm，边缘薄而透明，无色，强度反卷达于主脉。主脉两侧的小脉联结成网状，网眼 2~3 行，为狭长的五角形或六角形，不具内藏小脉。叶干后为软草质，绿色，两面均无毛；叶轴及各回羽轴与叶柄同色，光滑。孢子囊沿裂片主脉两侧的网眼着生，稀疏，棕色。四倍体，染色体 $2n=156$。

▶**孢 粉 期**　孢子期 8—10 月。

▶**分　　布**　广东、广西、海南、台湾；广泛分布于亚洲热带地区。

▶**生　　境**　生于池塘、稻田、沟渠等湿地。

▶**用　　途**　嫩叶可食用。

▶**致危因素**　生境破碎化或丧失、人为开垦活动。

光叶蕨

（冷蕨科　Cystopteridaceae）

Cystopteris chinensis (Ching) X.C. Zhang & R. Wei

国家重点保护级别	CITES 附录	IUCN 红色名录
一级		濒危（EN）

▶**形态特征**　多年生岩生植物，植株中小型，高 35～55 cm。根状茎短而横卧，先端被有浅褐色卵状披针形鳞片。叶近生；叶柄基部褐色，稍膨大，略被少数伏贴的披针形鳞片，向上禾秆色，近光滑，近轴面有一条浅纵沟；叶片狭披针形，向两端渐变狭，顶部羽裂渐尖头，向下一回羽状；羽片约 30 对，近对生，平展，无柄，相距约 1 cm（下部的较疏远），基部一对长仅 1 cm 左右，三角形；中部最长的羽片长 3～4 cm，基部宽约 1 cm，狭披针状镰刀形，渐尖头，向上弯，基部不对称，羽状深裂达羽轴两侧的狭翅；裂片可达 10 对左右，斜向上，长圆形，钝头，彼此以狭缺刻分开，羽轴上侧近基部的几个裂片较下侧的略长，且基部 2 片较大，基部下侧一片近卵圆形，略缩短，边缘全缘，或下部 1～2 对略具小圆齿；叶脉羽状，上先出，每裂片 3～5 对，单一，斜上，伸达叶边。叶干后近纸质，淡绿色，无毛；叶轴上面有纵沟，无毛。孢子囊群圆形，每裂片一枚，生于基部上侧小脉背部，靠近羽轴两侧各排列成一行；囊群盖卵圆形，薄膜质，灰绿色，老时脱落，被压于孢子囊群下面，似无盖。

▶**分　　布**　四川（天全）。中国特有种。

▶**生　　境**　生于海拔 2450 m 的林下阴湿处。

▶**用　　途**　中国特有，在研究蕨类植物杂交和蹄盖蕨科的系统发育上有一定价值。

▶**致危因素**　生境破碎化或丧失、自身繁衍更新能力有限。

对开蕨

（铁角蕨科　Aspleniaceae）

Asplenium komarovii Akasawa

国家重点保护级别	CITES 附录	IUCN 红色名录
二级		易危（VU）

▶**形态特征**　多年生土生植物，高约 60 cm。根状茎短而直立或斜升，粗壮，连同叶柄基部密被鳞片；鳞片线状披针形或披针形，扭曲，膜质，长渐尖头，全缘或略有具间隔的刺状突起。叶（3～）5～8 枚簇生；叶柄自下部向上疏被鳞片；叶片舌状披针形，长 15～45 cm，先端短渐尖，中部宽 3.5～4.5（～6）cm，基部心脏形，两侧明显扩大呈圆耳状，彼此以阔缺口分开，具软骨质叶边，全缘而略呈波状；主脉粗壮，暗禾秆色，下面隆起，圆形，上面有浅纵沟，下部疏被与叶柄上同样但较小的鳞片，向上近光滑；侧脉纤细，斜展，单一或自下部二叉，通直，平行，下面仅可见，上面明显，略隆起，先端水囊纺锤形，不达叶边。叶鲜时稍呈肉质，干后薄革质，棕绿色，上面光滑，下面疏被伏贴的变形虫形或狭披针形的棕色小鳞片，干后在侧脉之间有明显的洼点。孢子囊群粗线形，通常长 1.5～2.5 cm，斜展，相距 3～5 mm，靠近或略离主脉向外行，距离叶缘 5～8 mm，着生于相邻两小脉的一侧；囊群盖线形，深棕色，膜质，全缘，向侧脉对开，宿存。

▶**分　　布**　吉林（长白、集安、抚松）、台湾；俄罗斯、日本、朝鲜、北美及欧洲。

▶**生　　境**　生于海拔 700～1000 m 的落叶混交林下的腐殖质层中。

▶**用　　途**　药用、观赏、科研价值。

▶**致危因素**　生境破碎化或丧失。

苏铁蕨

Brainea insignis (Hook.) J. Sm.

国家重点保护级别	CITES 附录	IUCN 红色名录
二级		易危（VU）

▶**形态特征**　多年生土生植物，树状，高达 1.5 m。茎干直立或斜上，粗 10～15 cm，单一或有时分叉，黑褐色，木质，坚实，顶部与叶柄基部均密被鳞片；鳞片线形，先端钻状渐尖，有光泽，膜质。叶簇生于茎的顶部，略呈二形；叶柄棕禾秆色，坚硬，光滑或下部略显粗糙；叶片椭圆披针形，长 50～100 cm，一回羽状；羽片 30～50 对，对生或互生，线状披针形至狭披针形，先端长渐尖，基部为不对称的心脏形，近无柄，边缘有细密的锯齿，偶有少数不整齐的裂片，干后软骨质的边缘向内反卷，羽片基部略覆盖叶轴，向上的羽片密接或略疏离，斜展，中部羽片基部紧靠叶轴；能育叶与不育叶同形，彼此较疏离，边缘有时呈不规则的浅裂。叶脉两面均明显，沿主脉两侧各有 1 行三角形或多角形网眼，网眼外的小脉分离。叶革质，干后上面灰绿色或棕绿色，光滑，下面棕色，光滑或于下部有少数棕色披针形小鳞片；叶轴棕禾秆色，上面有纵沟，光滑。孢子囊群沿主脉两侧的小脉着生，成熟时逐渐满布于主脉两侧。

▶**分　　布**　福建（安溪、平和、云霄）、广东、广西、海南（东方、琼中）、云南（河口、屏边、澜沧、江城、富宁、孟连）、台湾（南投）、香港。

▶**生　　境**　生于海拔 450～1700 m 的山坡向阳处。

▶**用　　途**　药用、观赏以及重要的科研价值。

▶**致危因素**　生境破碎化或丧失、自身繁衍更新能力有限。

鹿角蕨（瓦氏鹿角蕨、绿孢鹿角蕨）　（水龙骨科　Polypodiaceae）

Platycerium wallichii Hook.

国家重点保护级别	CITES 附录	IUCN 红色名录
二级		极危（CR）

▶**形态特征**　多年生附生植物，植株中型。根状茎肉质，短而横卧，密被鳞片；鳞片淡棕色或灰白色，中间深褐色，坚硬，线形，长 10 mm，宽 4 mm。叶 2 列，二型；基生不育叶（腐殖叶宿存），厚革质，下部肉质，厚达 1 cm，上部薄，直立，无柄，贴生于树干上，长达 40 cm，长宽近相等，先端截形，不整齐，3～5 次叉裂，裂片近等长，圆钝或尖头，全缘；主脉两面隆起，小脉不明显，两面疏被星状毛。正常能育叶常成对生长，下垂，灰绿色，长 25～70 cm。分裂成不等大的 3 枚主裂片，基部楔形，下延，近无柄，内侧裂片最大，多次分叉成狭裂片，中裂片较小，两者都能育，外侧裂片最小，不育；裂片全缘，通体被灰白色星状毛。孢子囊散生于主裂片第一次分叉的凹缺处以下，不到基部，初时绿色，后变黄色；隔丝灰白色，星状毛。孢子绿色。

▶**分　　布**　云南（盈江）；缅甸、印度、泰国。

▶**生　　境**　生于海拔 210～950 m 的山地雨林中。

▶**用　　途**　观赏。

▶**致危因素**　生境破碎化或丧失。

国家重点保护野生植物

（第一卷）

裸子植物

Gymnosperms

苏铁科　Cycadaceae — 麻黄科　Ephedraceae

▼

宽叶苏铁（巴兰萨苏铁、十万大山苏铁、青翠头）

（苏铁科　Cycadaceae）

Cycas balansae Warb.

国家重点保护级别	CITES 附录	IUCN 红色名录
一级	附录 II	极危（CR）

▶**形态特征**　常绿灌木。茎干圆柱形，高可达 1 m，直径达 30 cm，叶痕宿存，茎顶无茸毛。鳞叶三角状披针形，长 3 ~ 9 cm，宽 3 ~ 4 cm，棕色，背面密被茸毛。羽叶（5 ~）10 ~ 20 枚，平展，刺 25 ~ 43 对，叶轴与叶柄被黄褐色至黑褐色长柔毛；羽片 45 ~ 73 对，基部羽片不渐变成刺，中部羽片条形，基部狭微下延，边缘平，有时稍反卷或波状，先端渐尖，革质，深绿色有光泽，两面均无毛，中脉两面隆起。小孢子叶球窄长圆柱形，长 18 ~ 25 cm，直径 4 ~ 5 cm，有长 5 ~ 6 cm 的短梗，被黄褐色茸毛；小孢子叶窄楔形，顶端钝或有短尖头，上部宽约 1 cm，背面有黄褐色茸毛。大孢子叶球近球形，直径约 25 cm；大孢子叶长 8 ~ 10 cm，顶片卵形至三角状卵形，边缘篦齿状深裂，每侧有裂片（4 ~）9 条，侧裂片先端尖，顶裂片钻形，比侧裂片稍大或明显宽大，椭圆形；胚珠 2 ~ 6 枚，扁球形，无毛。种子倒卵形，成熟后为黄色。

▶**物 候 期**　花期 3—5 月，种子 9—10 月成熟。

▶**分　　布**　广西（防城港）；越南。

▶**生　　境**　生于海拔约 180 m 的山谷常绿阔叶林下。

▶**用　　途**　具有重要的科研价值和一定的生态价值、观赏价值。

▶**致危因素**　生境破碎化或丧失、自然结实率低、过度利用。

叉叶苏铁（龙口苏铁、叉叶凤尾草、虾爪铁）

（苏铁科 Cycadaceae）

Cycas bifida (Dyer) K.D. Hill

国家重点保护级别	CITES 附录	IUCN 红色名录
一级	附录 II	极危（CR）

▶**形态特征** 常绿灌木。茎干圆柱形，高 20～60 cm，直径 10～30 cm，叶痕宿存，茎顶无茸毛。鳞叶三角形，长 3.5～5 cm，宽 2～4 cm，背面密被灰褐色茸毛。羽叶 2～4（～8）片，长（150～）200～350（～500）cm，叶柄长 60～160 cm，基部被柔毛，刺 12～30 对；羽片 22～41 对，一至二（或三）回二叉分枝，边缘平，有时波状，深绿色，先端渐尖，基部不对称，下侧明显下延，中脉两面隆起，薄革质至坚纸质，小叶柄长 0.2～1 cm 或因叶基下延而不明显。小孢子叶球圆柱形；小孢子叶近匙形或宽楔形，光滑，黄色，边缘橘黄色，顶部不育部分有茸毛，圆或有短尖头。大孢子叶长 10～12 cm，密被锈色茸毛，后渐脱落；顶片卵圆形至菱状倒卵形，边缘篦齿状深裂，每侧具 7～11 条裂片，裂片钻形，无毛，顶裂片钻形至条状披针形，有时有 1～2 条细裂片；大孢子叶柄长 5～11.5 cm，胚珠 4～6 枚，扁球形，无毛，先端有小尖头。种子近球形，成熟后变黄色，无毛。

▶**物候期** 花期 4—5 月，种子 9—12 月成熟。

▶**分布** 广西（崇左）、云南（红河、文山）；越南。

▶**生境** 生于海拔 100～600 m 的沟谷、山坡阔叶林下。

▶**用途** 具有重要的科研价值和较高的生态价值、观赏价值。

▶**致危因素** 生境破碎化或丧失、自然结实率低、过度利用。

陈氏苏铁

（苏铁科　Cycadaceae）

Cycas chenii X. Gong & W. Zhou

国家重点保护级别	CITES 附录	IUCN 红色名录
一级	附录 II	濒危（EN）

▶**形态特征**　常绿灌木。无茎或具地下茎，叶痕宿存（偶见脱落），茎顶无茸毛。鳞叶狭三角形，被毛，长 3 ~ 6 cm，宽 2 ~ 3 cm。羽叶平展，2 ~ 4（~ 8）枚，长 70 ~ 190 cm，叶柄长 20 ~ 80 cm，叶柄上刺约 20 对，间距 2 ~ 3 cm，刺长 0.2 ~ 0.3 cm；羽片 26 ~ 74 对，中部羽片条形，长 17 ~ 30 cm，宽 0.9 ~ 1.3 cm，基部微下延、边缘平、先端渐尖，革质，亮绿色至深绿色，中脉两面凸起。小孢子叶球纺锤形，长 10 ~ 15 cm，直径 6 ~ 8 cm，被锈色茸毛；小孢子叶楔形，长约 1.8 cm，宽 0.7 ~ 1 cm。大孢子叶球长 10 ~ 15 cm，宽 10 ~ 13 cm；大孢子叶菱形或卵形，长 5 ~ 7 cm，宽 2.5 ~ 3.5 cm，被褐色茸毛；侧裂片 6 ~ 9 对，顶裂片与侧裂片有明显区别；胚珠 2 ~ 4 枚，光滑。种子卵球形，长 2 ~ 3 cm，直径 1.5 ~ 2.6 cm，成熟时为黄色。

▶**物 候 期**　花期 4—5 月，种子 10—12 月成熟。

▶**分　　布**　云南（楚雄、红河、玉溪）。

▶**生　　境**　生于海拔 500 ~ 1200 m 的石灰岩山地。

▶**用　　途**　具有重要的科研价值和一定的生态价值、观赏价值。

▶**致危因素**　盗采，工程建设（水电、道路），开荒垦殖，气候变化引发的自然灾害等导致生境破碎化或丧失。部分居群尚未开展就地、迁地保护工作。自然种群极小、生长缓慢、雌雄异株、自然结实率低等自身特性导致更新困难。

德保苏铁（秀叶苏铁、竹叶苏铁）　（苏铁科　Cycadaceae）

Cycas debaoensis Y.C. Zhong & C.J. Chen

国家重点保护级别	CITES 附录	IUCN 红色名录
一级	附录 II	极危（CR）

▶**形态特征**　常绿灌木。茎干圆柱形，高 10～95 cm，直径 6～40 cm，叶基宿存，茎顶无茸毛。鳞叶狭长三角形，背面密被黄褐色茸毛，长 4～11 cm。羽叶平展，为 2～3（～4）回羽状复叶，3～11（～15）枚，长 150～360 cm，宽 60～150 cm，叶柄长 60～190 cm，柄上刺 29～67 对，刺间距 0.6～1 cm。小孢子叶球纺锤形，成熟时长 25～50 cm，直径 6～12 cm，基部柄和小孢子不育部分被浅黄色密茸毛，后渐脱落；小孢子叶楔形，长 2～35 cm，顶部宽 1～1.6 cm，边缘浅波状，稍反卷，先端刺状小突尖，长 1～3 cm。大孢子叶球为紧包型；大孢子叶两面密被棕色茸毛，老时稀疏，长 15～20 cm，大孢子叶柄长 6～11 cm，宽 10～15 cm，不育顶片宽卵形，深裂，侧裂片 17～25 对，长 2.5～6 cm，顶裂片长于侧裂片，长 5～8 cm；胚珠 4（～6）枚。种子近球形，顶部具小尖头，外种皮成熟时为黄色。

▶**物 候 期**　花期 4—5 月，种子 10—12 月成熟。

▶**分　　布**　广西（百色）、云南（文山）。

▶**生　　境**　生于海拔 200～900 m 的灌丛或阔叶林下。

▶**用　　途**　科研、观赏价值。

▶**致危因素**　生境破碎化或丧失、种群更新困难、过度利用。

滇南苏铁（多胚苏铁、蔓耗苏铁、元江苏铁）

（苏铁科　Cycadaceae）

Cycas diannanensis Z.T. Guan & G.D. Tao

国家重点保护级别	CITES 附录	IUCN 红色名录
一级	附录 II	极危（CR）

▶**形态特征**　常绿灌木或小乔木。茎干高 8~80 cm，直径 30~40 cm，具环状叶痕，下部渐脱落。鳞叶长三角形，长 4~11 cm，基部宽 1.3~1.5 cm，背面密被棕色茸毛。羽叶平展，15~50 片，长 250~300 cm，叶柄长 80~103 cm，两侧具刺 36~40 对，先端尖锐而微弯，长 0.2~0.4 cm；羽片 67~138 对，中部羽片条形，长 25~38 cm，宽 14~15 cm，基部下延，边缘平，先端渐尖，革质，中脉两面隆起。小孢子叶球柱状卵圆形，长 50~65 cm；小孢子叶长约 4 cm，不育顶端被黄褐色茸毛。大孢子叶球卵圆形，长约 20 cm，直径 15 cm；大孢子叶长 26~80 cm，顶片宽圆形或卵圆形，背面密被黄褐茸毛，腹面无毛，边缘具 13~20 对钻形裂片；胚珠 2~7 枚，疏生毛或无毛。种子球形，成熟时为黄色。

▶**物 候 期**　花期 4—5 月，种子 11—12 月成熟。

▶**分　　布**　云南（楚雄、红河、玉溪）。

▶**生　　境**　生于海拔 600~1900 m 的疏林灌丛中。

▶**用　　途**　具有重要的科研价值和一定的生态价值、观赏价值。

▶**致危因素**　生境破碎化或丧失、物种自身特性导致种群更新困难、过度利用。

长叶苏铁

（苏铁科　Cycadaceae）

Cycas dolichophylla K.D. Hill, T.H. Nguyên & P.K. Lôc

国家重点保护级别	CITES 附录	IUCN 红色名录
一级	附录 II	极危（CR）

▶**形态特征**　常绿灌木。茎干圆柱形，高可达 1.5 m。鳞叶狭三角形，长 8～12 cm，柔软，被细茸毛。羽叶平展或稍龙骨状，8～40 枚，亮绿色至深绿色，具光泽，长 2～4.5 m，叶柄长 40～100 cm，大部分具刺，刺长 0.4～0.6 cm；羽片 75～135 对，中部羽片条形，长 19～42 cm，基部圆形，边缘波浪状，先端渐尖，被红褐色茸毛，两面不同色，中脉上面隆起，下平。小孢子叶球狭长卵形或纺锤形，黄色，长 35～50 cm；小孢子叶柔软，背腹面不加厚，不育顶端平，无刺。大孢子叶球近球形，包被紧密，大孢子叶不育顶片圆形，被褐色茸毛，篦齿状深裂，侧裂片 16～26 枚，顶部裂片与边缘裂片相似；胚珠 2～4 枚。种子近球形，外种皮熟时为黄色，无纤维层，中种皮疣状。

▶**物 候 期**　花期 3—5 月，种子 9—12 月成熟。

▶**分　　布**　云南（红河、文山、西双版纳）；越南。

▶**生　　境**　生于海拔 200～1200 m 的季雨林或山地雨林下。

▶**用　　途**　具有重要的科研价值和一定的生态价值、观赏价值。

▶**致危因素**　生境破碎化或丧失、物种自身特性导致种群更新困难、过度利用。

锈毛苏铁

（苏铁科　Cycadaceae）

Cycas ferruginea F.N. Wei

国家重点保护级别	CITES 附录	IUCN 红色名录
一级	附录 II	易危（VU）

▶**形态特征**　常绿灌木。茎高可达 60 cm，直径 15～20 cm，基部膨大，叶痕脱落。鳞叶三角形。羽叶平展，16～20 枚，长可达 200 cm，宽 40～60 cm，叶柄粗壮，长 50～70 cm，叶柄、叶轴幼时密被（老时疏被）易脱落的锈色或黑色长茸毛或老时变无毛，全部具刺或中部以上具刺，极少无刺，柄刺 15～21 对，间距 2～3 cm，长约 0.3 cm；羽片 56～80 对，基部羽片不渐变成刺，中部羽片线状披针形，初时直而后呈镰状，长 20～30 cm，羽片具短柄，边缘极度背卷，喙状，先端长渐尖，厚革质，初时密被易脱落的锈色长茸毛，中脉在两面隆起。小孢子叶球圆柱形，黄褐色；小孢子叶楔形，先端具易脱落的短喙，不育区密被锈色短茸毛。大孢子叶长 12～13 cm，柄长 5～8 cm，两面密被锈色长茸毛，顶片生时卵状菱形，边缘深羽裂长 5～6 cm，每侧生 8～13 枚钻状裂片，偶尔先端分叉，顶裂片卵状椭圆形，先端 3 浅裂，略长于侧生裂片；胚珠 4～6 枚。种子扁卵形，无毛。

▶**物　候　期**　花期 3—5 月，种子 9—12 月成熟。

▶**分　　　布**　广西（百色、崇左、河池、南宁）；越南。

▶**生　　　境**　生于海拔 100～500 m 的喀斯特石山灌丛、阔叶林下或崖壁上。

▶**用　　　途**　具有重要的科研价值和较高的生态价值、观赏价值，具有一定的药用、食用、文化价值。

▶**致危因素**　生境破碎化或丧失、物种自身特性导致种群更新困难、过度利用。

贵州苏铁（南盘江苏铁、兴义苏铁、凤尾草、仙鹅抱蛋）

（苏铁科　Cycadaceae）

Cycas guizhouensis K.M. Lan & R.F. Zou

国家重点保护级别	CITES 附录	IUCN 红色名录
一级	附录 II	极危（CR）

▶**形态特征**　常绿灌木。茎干圆柱形，高达 2 m，叶痕宿存。鳞叶长三角形，长 2～5 cm，基部宽 1.2～2 cm。羽叶长 50～160 cm，叶柄长 30～50 cm，柄刺 5～17 对；羽片 47～82 对，羽片条形或条状披针形，微弯曲或直伸，厚革质，无毛，基部两侧不对称，边缘平或稍反曲，先端渐尖，上表面深绿色，下面淡绿色，中脉两面隆起。小孢子叶球纺锤形或椭圆状圆柱形，黄色；小孢子叶鳞片状或盾状，顶端反折，狭楔形；顶端不育部分为三角状圆形，密被棕色柔毛，具长约 0.2 cm 的小尖头。大孢子叶球近球形；大孢子叶密生黄褐色茸毛或锈褐色茸毛，顶片近圆形至卵状椭圆形，边缘篦齿状至羽状深裂，两侧具钻形裂片 7～23 对，先端渐尖，有时分叉，两面无毛，顶生裂片钻形，比侧裂片稍大，或披针形、菱状三角形，上部有 3～5 个浅裂片；胚珠（2～）4～6（～9）枚，无毛，球形或近球形，稍扁，顶端具短尖头。种子近球形，成熟时黄色。

▶**物 候 期**　花期 4—5 月，种子 10—12 月成熟。

▶**分　　布**　广西（百色）、贵州（黔西南）、云南（红河、曲靖、文山）。

▶**生　　境**　生于海拔 800～1800 m 的疏林灌丛或草丛中。

▶**用　　途**　具有重要的科研价值和较高的生态价值、观赏价值。

▶**致危因素**　生境破碎化或丧失、种群更新困难、过度利用。

灰干苏铁（红河苏铁、细叶苏铁）　　　　（苏铁科　Cycadaceae）

Cycas hongheensis S.Y. Yang & S.L. Yang

国家重点保护级别	CITES 附录	IUCN 红色名录
一级	附录 II	极危（CR）

▶**形态特征**　常绿乔木。茎干圆柱形直立（偶分枝），高可达 5 m，直径 10～15 cm，基部稍膨大，树皮光滑，灰白色，有时具突出的同心环，茎顶无毛，叶基只在茎干上部宿存。鳞叶披针形，表面光滑，背面密被黄褐色茸毛。羽叶 15～25 枚，灰绿色至微蓝绿色，被短柔毛，刺 10～15 对（覆盖全部叶柄）；羽片 110～140 对，中部羽片"V"形开展，中度或极反卷（对生羽片呈 80°～120° 嵌入叶柄），幼时被黄褐色茸毛，叶缘轻微反卷，顶端尖，中脉在叶背明显突出。小孢子叶球圆柱状卵圆形，松散，成熟后由绿变黄；小孢子叶腹面不加厚，不育顶片密被短柔毛，顶刺不明显，柔软，逐渐隆起。大孢子球圆球形；大孢子叶密被灰白色或黄白色茸毛；大孢子叶顶片宽圆形至卵圆形，边缘篦齿状浅裂，侧裂片（30～）48～50 枚，顶裂片明显区别于侧裂片；胚珠 4～6 枚，光滑。种子卵球形；外种皮深橙黄色至橙红色，无粉霜覆盖，无纤维层，中种皮光滑，无海绵层。

▶**物　候　期**　花期 3—5 月，种子 10—12 月成熟。

▶**分　　　布**　云南（红河）。

▶**生　　　境**　生于海拔 200～850 m 的石灰岩山坡灌丛中。

▶**用　　　途**　具有重要的科研价值和较高的生态价值、观赏价值。

▶**致危因素**　生境破碎化或丧失、种群更新困难、过度利用。

长柄叉叶苏铁

（苏铁科 Cycadaceae）

Cycas longipetiolula D.Y. Wang

国家重点保护级别	CITES 附录	IUCN 红色名录
一级	附录 II	

▶**形态特征** 常绿灌木。茎干通常不明显，有时可达 20 cm，直径 15 ~ 25 cm，叶痕宿存，茎顶无茸毛。鳞叶三角形。羽叶 2 ~ 3 片，为二回羽状复叶，长 300 ~ 430 cm，宽 50 ~ 80 cm，叶柄近圆柱形，长 1.6 ~ 2.3 m，柄刺 50 ~ 70 对，刺间距 1 ~ 5.5 cm，圆锥状，长约 0.3 cm。一回羽片 21 ~ 25 对，对生或近对生，中下部一回羽片较长，长 30 ~ 40 cm，宽 25 ~ 40 cm，扇形至倒卵形，向上渐短至约 25 cm，小叶柄长 4 ~ 8 cm，向上渐短至 1.5 ~ 2 cm，叶柄、叶轴及小叶轴疏被锈色短柔毛，或脱落至近无毛，一回羽片的间距为 7 ~ 10 cm，（3 ~）4 ~ 5 回二叉分枝，下侧具二小羽片，并具 1 ~ 2 cm 的小叶柄，间距 1 ~ 2.5 cm；二回羽片 1 ~ 2 回二叉分枝，顶端二回羽片也 2 回二叉分枝成 3 ~ 4 枚小羽片；小羽片条形，革质，长 19 ~ 33 cm，宽 16 ~ 19 cm，基部尤其下侧明显下延，边缘平，顶端近尾状渐尖，尾长 1.5 ~ 2 cm，上面深绿色，有光泽，下面淡绿色，中脉在上面隆起，下面稍隆起，无毛，有时微波状。小孢子叶球纺锤状长圆柱形，长 36 cm，直径约 6 cm，黄褐色，干后褐棕色，具长约 4 cm 的短柄；小孢子叶楔形，长 1.5 ~ 22 cm，宽 1.5 ~ 1.8 cm，上部不育部分为盾状，密被黄褐色柔毛，顶端具长约 0.3 cm 的小尖头，两侧各具 3 ~ 5 小细齿。

▶**物 候 期** 花期 4—5 月，种子 10—12 月成熟。

▶**分 布** 云南（红河）。

▶**生 境** 生于低海拔季雨林半阴环境中。

▶**用 途** 具有重要的科研价值和较高的生态价值、观赏价值。

▶**致危因素** 未知。

▶**备 注** 尚未发现自然种群，种级地位存在争议。

多羽叉叶苏铁

（苏铁科　Cycadaceae）

Cycas multifrondis D.Y. Wang

国家重点保护级别	CITES 附录	IUCN 红色名录
一级	附录 II	极危（CR）

▶**形态特征**　常绿灌木。茎干圆柱形，干可达 40 cm，叶痕宿存。鳞叶三角状披针形，长 11～14 cm，宽 5～6 cm，背面密被棕色茸毛。羽叶 4～10 片，长 275～350 cm，叶柄长 110～160 cm，下部疏被短柔毛，刺 40～78 对，间距 1.5～2.5 cm，刺长 0.3～0.5 cm；羽片 27～44 对，1～2（～3）回二叉分枝，条形，深绿色，有光泽，坚纸质至革质，中部羽片长（14～）22～41 cm，宽（1.1～）1.4～2.5 cm，小叶柄长 0.5～3.5 cm，基部楔形，下侧明显下延，先端渐尖，中脉两面隆起。小孢子叶球纺锤状圆柱形，长 35～40 cm，直径 5～7 cm；小孢子叶楔形，长 2～2.5 cm，不育部分盾状，宽 1.2～1.5 cm，密被短柔毛，先端具短尖头，长约 0.1 cm，两侧具 1～3 枚细齿。大孢子叶球近球形，直径 20～35 cm；大孢子叶长 19～23 cm，密被锈色茸毛，后逐渐脱落，顶片卵形至卵圆形，长 2～8 cm，宽 6～8 cm，边缘篦齿状深裂，两侧 16～19 对侧裂片，纤细，长 2～4 cm，粗约 0.2 cm，先端芒尖，顶裂片钻形至披针形，长 3～6.5 cm，宽 0.2～0.5 cm，有时有 1 对小裂片；胚珠 6～8 枚，扁球形，直径约 0.5 cm，无毛，具小尖头。种子近球形，直径约 3 cm，成熟时为黄褐色。

▶**物　候　期**　花期 4—5 月，种子 10—11 月成熟。

▶**分　　　布**　广西（百色）、云南（红河）。

▶**生　　　境**　生于海拔 100～1000 m 的石灰岩山地雨林下。

▶**用　　　途**　具有重要的科研价值和较高的生态价值、观赏价值。

▶**致危因素**　未知。

▶**备　　　注**　尚未发现自然种群，种级地位存在争议。

多歧苏铁（龙爪苏铁、独把铁、独脚铁） （苏铁科　Cycadaceae）

Cycas multipinnata C.J. Chen & S.Y. Yang

国家重点保护级别	CITES 附录	IUCN 红色名录
一级	附录 II	濒危（EN）

▶**形态特征**　常绿灌木。茎干高 20 ~ 40 cm，直径 10 ~ 20 cm，褐灰色，叶痕宿存，茎顶无茸毛。鳞叶长 8 ~ 10 cm，宽 2.5 ~ 3.5 cm。羽叶平展，1 ~ 2（~ 3）枚，长（195 ~）300 ~ 485 cm，宽 70 ~ 150 cm，三或四回羽状深裂；一回羽片 6 ~ 11 对，近对生，披针形，下部 1 对最长，向上逐渐变短；二回羽片 6 ~ 11 枚，5 ~ 7 回二叉分枝互生，倒卵形至椭圆形；三回羽片（2 ~）3 ~ 5 回二叉分枝，下侧具 2 ~ 3 片，每片具 1 ~ 2 枚小叶，顶羽片 2 ~ 3 回二叉分枝；小羽片薄革质至革质，倒卵状矩形至矩圆状条形，基部渐狭，下侧明显下延，边缘平或微波状，先端渐尖至尾状渐尖，尾部长约 2 cm，中脉两面稍隆起。小孢子叶球圆柱形，先端圆截形，黄色；小孢子叶倒卵形，顶部不育部分腹面半圆形，具 2 ~ 6 枚小裂齿，近中部粗大，向两侧渐小，具黄褐色短柔毛，后渐脱落。大孢子叶顶片卵形，边缘篦齿状分裂，两侧约 15 对钻形裂片；胚珠 6 ~ 8 枚。种子近球形，成熟时为黄褐色。

▶**物 候 期**　花期 4—5 月，种子 10—11 月成熟。

▶**分　　布**　云南（红河）；越南。

▶**生　　境**　生于海拔 300 ~ 1000 m 的季雨林下。

▶**用　　途**　具有重要的科研价值和较高的生态价值、观赏价值。

▶**致危因素**　生境破碎化或丧失、物种自身特性导致种群更新困难、过度利用。

攀枝花苏铁（把关河苏铁）

（苏铁科　Cycadaceae）

Cycas panzhihuaensis L. Zhou & S.Y. Yang

国家重点保护级别	CITES 附录	IUCN 红色名录
一级	附录 II	濒危（EN）

▶**形态特征**　常绿灌木。茎干圆柱形，高可达 2.6 m，直径可达 45 cm，叶痕宿存，茎顶密被红棕色茸毛。鳞叶披针形，长 4 ~ 6 cm，宽 3 ~ 3.5 cm。羽叶平展，10 ~ 35 枚，长 65 ~ 150 cm，叶柄长 14 ~ 20 cm，柄刺 3 ~ 17 对，间距 1 ~ 1.8 cm，长约 0.2 cm；羽片 70 ~ 105 对，中部羽片条形，直或微弯曲，厚革质，长 8 ~ 23 cm，宽 0.4 ~ 0.7 cm，基部楔形，两侧不对称，边缘平或微反卷，先端渐尖，中脉上面平或微隆起，下面隆起。小孢子叶球纺锤状圆柱形或长椭圆状圆柱形，黄色，常微弯，梗密被锈褐色茸毛；小孢子叶顶部两侧圆或三角状，先端有长 0.3 ~ 0.5 cm 的短尖头，背面密被锈褐色茸毛。大孢子叶球近球形，密被脱落性黄褐色茸毛；大孢子叶顶片宽菱形或菱状卵形，篦齿状分裂，每侧有 13 ~ 18 条钻形裂片；胚珠（1 ~）4 ~ 5（~ 6）枚，胚珠近四方形，光滑无毛，橘黄色，顶端有短尖头。种子近球形或倒卵状球形；成熟时种皮橘红色至橘黄色，外种皮易碎易剥离。

▶**物　候　期**　花期 4—5 月，种子 9—10 月成熟。

▶**分　　　布**　四川（凉山、攀枝花）、云南（楚雄、昆明、丽江）。

▶**生　　　境**　生于海拔 1000 ~ 1700 m 的石灰岩山地。

▶**用　　　途**　具有重要的科研价值和较高的生态价值、观赏价值。

▶**致危因素**　生境破碎化或丧失、过度利用。

篦齿苏铁（篦子苏铁）

（苏铁科　Cycadaceae）

Cycas pectinata Buch.-Ham

国家重点保护级别	CITES 附录	IUCN 红色名录
一级	附录 II	易危（VU）

▶**形态特征**　常绿乔木。茎干圆柱形，高可达 15 m，直径可达 70 cm，叶痕脱落，树皮光滑，仅茎上部覆被宿存的叶痕，茎顶无茸毛。鳞叶三角形。羽叶开展，长 1.5 ~ 2.4 m，叶柄长 15 ~ 30（~ 45）cm，柄刺 28 ~ 31 对，间距 0.5 ~ 1 cm，刺长 0.1 ~ 0.2 m；羽片 80 ~ 138 对，中部羽片条形或条状披针形，厚革质，坚硬，直或微弯，基部两侧不对称，边缘稍反曲，先端渐尖，中脉上面平下面隆起。小孢子叶球长圆锥状圆柱形，有短梗；小孢子叶楔形，顶部三角状斜方形，密生褐黄色茸毛，先端具钻形长尖头。大孢子叶球近

球形；大孢子叶密被褐黄色至锈色宿存茸毛，顶片卵圆形至三角状卵形，两侧有 14 ~ 24 对侧裂片，顶裂片较大，条状披针形，有时有 1 ~ 2 对短裂片；胚珠 2 ~ 4（~ 6）枚，卵球形或近圆球形，无毛。种子卵球形或椭圆状倒卵球形，成熟时为黄褐色或红褐色，外种皮具海绵状纤维层，不易与中种皮分离。

▶**物　候　期**　花期 11 月至次年 3 月，种子 9—10 月成熟。

▶**分　　　布**　云南（德宏、临沧、普洱、西双版纳）；孟加拉国、不丹、印度、老挝、缅甸、尼泊尔、泰国、越南。

▶**生　　　境**　生于海拔 800 ~ 1300 m 的阔叶林或竹林下。

▶**用　　　途**　具有重要的科研价值和较高的生态价值、观赏价值。

▶**致危因素**　物种自身特性导致种群更新困难、生境破碎化或丧失、过度利用。

苏铁（福建苏铁、琉球苏铁、避火蕉、凤尾蕉）

（苏铁科 Cycadaceae）

Cycas revoluta Thunb.

国家重点保护级别	CITES 附录	IUCN 红色名录
一级	附录 II	极危（CR）

▶**形态特征** 常绿灌木或乔木。茎干圆柱形，高约 2 m，稀可达 6 m，茎顶密被黄色茸毛，叶痕宿存。鳞叶三角状披针形，长 9～13 cm，宽 0.9～2.5 cm，先端刺尖，背面密被棕色茸毛。羽叶 "V" 形开展，长 75～200 cm，叶柄长 5～14 cm，具刺 3～10 对，刺距 0.8～1.2 cm，刺长约 0.2 cm；羽片 119～140 对，中部羽片条形，长 8～22 cm，宽 0.4～0.6 cm，基部两侧不对称，边缘显著向下反卷，上部微渐尖，先端有刺状尖头；厚革质，上面深绿色，具光泽，下面浅绿色，中脉在下面显著隆起，两侧有柔毛或微毛。小孢子叶球圆柱形，有短梗；小孢子叶窄楔形，顶端宽平，两角近圆形，下面中肋及顶端密生黄褐色或灰黄色长茸毛。大孢子叶球近球形，密生淡黄色宿存茸毛；大孢子叶长约 25 cm；顶片卵形至长卵形，边缘篦齿状深裂，侧裂片 12～17 对，裂片条状钻形，长 2.5～6 cm，先端有刺状尖头，顶裂片条状披针形，具 1～2 对短裂片；胚珠（2～）4～6 枚，扁球形，密被茸毛。种子成熟时为红褐色或橘红色，倒卵球形至卵球形，密生灰黄色短茸毛，后渐脱落，中种皮具 2 条棱脊，顶端有尖头。

▶**物 候 期** 花期 5—6 月，种子 10—11 月成熟。

▶**分　　布** 福建、广东；日本。

▶**生　　境** 野外生境未知。

▶**用　　途** 具有重要的科研价值和较高的生态价值、观赏价值。

▶**致危因素** 物种自身特性导致种群更新困难、生境破碎化或丧失、过度利用。

叉孢苏铁

（苏铁科　Cycadaceae）

Cycas segmentifida D.Y. Wang & C.Y. Deng

国家重点保护级别	CITES 附录	IUCN 红色名录
一级	附录 II	濒危（EN）

▶**形态特征**　常绿灌木。茎干圆柱形，高达 50 cm，直径达 50 cm，叶痕宿存。鳞叶三角状披针形，长 7 ~ 9 cm，宽 1.5 ~ 5 cm。羽叶平展，长 260 ~ 330 cm，叶柄长 78 ~ 140 cm，两侧具刺 33 ~ 55 对，长达 0.4 cm；羽片 55 ~ 96 对，中部羽片长 21 ~ 40 cm，宽（1.1 ~ ）1.4 ~ 1.7 cm，无毛，基部宽楔形，边缘平，先端渐尖，中脉两面隆起，叶表面深绿色，发亮，下面浅绿色。小孢子叶球狭圆柱形，黄色；小孢子叶楔形，顶端有长约 0.3 cm 的小尖头。大孢子叶球近球形；大孢子叶柄具黄褐色茸毛，不育顶片卵圆形，被脱落性棕色茸毛，边缘篦齿状深裂，两侧具 8 ~ 19 对侧裂片，裂片钻形，纤细，渐尖，先端芒状，通常二叉或二裂，有时重复分叉，顶裂片钻形至菱状披针形，有 1 ~ 4 枚浅裂片；胚珠（2 ~ ）4 ~ 6 枚，无毛，扁球形，顶端具小尖头。种子球形，成熟时为黄色至黄褐色。

▶**物　候　期**　花期 5—6 月，种子 11—12 月成熟。

▶**分　　　布**　广西（百色、崇左、南宁）、贵州（黔西南）、云南（文山）；越南。

▶**生　　　境**　生于海拔 100 ~ 1500 m 的阔叶林下。

▶**用　　　途**　具有重要的科研价值和一定的生态价值、观赏价值。

▶**致危因素**　生境破碎化或丧失、物种自身特性导致种群更新困难、过度利用。

六籽苏铁（石山苏铁、山菠萝、神仙米）（苏铁科　Cycadaceae）

Cycas sexseminifera F.N. Wei

国家重点保护级别	CITES 附录	IUCN 红色名录
一级	附录 II	濒危（EN）

▶**形态特征**　常绿灌木。茎干圆柱形或各类形状，高可达 50 cm，直径达 25 cm，基部膨大，灰色至灰褐色，茎顶无茸毛，叶基常脱落。鳞叶披针形，长 4.5 ~ 8.5 cm，宽 1.5 ~ 2.5 cm，暗棕色，背面密被短茸毛。羽叶平展，长（30 ~）50 ~ 170 cm，叶柄刺 3 ~ 35 对；羽片 40 ~ 81 对，中部羽片条形，先端渐尖，具短尖头，基部不对称，下侧下延生长，叶边缘平或有时后弯，先端渐尖，革质，中脉下面明显隆起。小孢子叶球圆柱形，黄褐色；小孢子叶楔形，不育部分盾状，密被短柔毛，先端有小尖头。大孢子叶球近球形；大孢子叶顶片卵形至椭圆状披针形，两侧各具（6 ~）10 ~ 16 对深裂片，裂片钻形，纤细，顶裂片比侧裂片稍粗大，渐尖，或比侧裂片明显宽大，两侧具 2 ~ 4 对细裂齿或具 1 片小裂片；胚珠 2 ~ 4（~ 5）枚，扁球形，无毛，先端有小尖头。种子圆球形，成熟时为黄色、橘黄色至橘红色。

▶**物 候 期**　花期 4—5 月，种子 11—12 月成熟。

▶**分　　布**　广西（百色、崇左、南宁）；越南。

▶**生　　境**　生于海拔 100 ~ 500 m 的喀斯特石山灌丛、阔叶林下或崖壁上。

▶**用　　途**　具有重要的科研价值和较高的生态价值、观赏价值。

▶**致危因素**　物种自身特性导致种群更新困难、生境破碎化或丧失、过度利用。

单羽苏铁（云南苏铁）

（苏铁科　Cycadaceae）

Cycas simplicipinna (Smitinand) K.D. Hill

国家重点保护级别	CITES 附录	IUCN 红色名录
一级	附录 II	近危（NT）

▶**形态特征**　常绿灌木。主干通常不明显，叶痕宿存。鳞叶披针形，长 4.5 ~ 7 cm，宽 1.5 ~ 2 cm。羽叶 3 ~ 10 枚，平展，长（100 ~）150 ~ 255 cm，叶柄长 22 ~ 105 cm，刺 19 ~ 39 对；羽片 18 ~ 81 对，中部羽片条形，长 17 ~ 40 cm，宽（1.2 ~）1.6 ~ 2.5 cm，先端渐尖，深绿色，有光泽，纸质至薄革质，中脉两面隆起。小孢子叶球狭长圆柱形；小孢子叶楔形，顶端近截状，外面被锈色柔毛。大孢子球近球形；大孢子叶顶片近菱状至卵形，边缘篦齿状深裂，两侧具 5 ~ 7 对侧裂片，顶裂片钻形至三角状披针形，有时具浅齿；胚珠 2 ~ 5 枚。种子椭球形，成熟时为黄褐色。

▶**物 候 期**　花期 4—5 月，种子 9—10 月成熟。

▶**分　　布**　云南（临沧、普洱、西双版纳）；泰国、越南。

▶**生　　境**　生于海拔 500 ~ 1400 m 的热带雨林下。

▶**用　　途**　具有重要的科研价值和一定的生态价值、观赏价值。

▶**致危因素**　生境破碎化或丧失、物种自身特性导致种群更新困难、过度利用。

四川苏铁（仙湖苏铁、凤尾铁）

（苏铁科　Cycadaceae）

Cycas szechuanensis W.C. Cheng & L.K. Fu

国家重点保护级别	CITES 附录	IUCN 红色名录
一级	附录 II	极危（CR）

▶**形态特征**　常绿灌木。茎干圆柱形，分枝或不分枝，高可达 1～1.5 m，直径 20～30 cm，叶痕宿存。鳞叶披针形，长 8～13 cm，宽 15～25 cm。单茎顶部羽叶 7～20 枚，平展，长 200～310 cm，叶柄具刺 29～73 对；羽片 66～113 对，中部羽片条形至镰刀状条形，长 17～39 cm，宽 0.8～1.7 cm，边缘平至微反卷，有时波状；薄革质至革质，中脉两面隆起。小孢子叶球圆柱状长椭球形；小孢子叶楔形，不育部分菱状椭球形，密被褐色短茸毛，顶端具 0.3 cm 的小尖头，每侧常具 1～4 个小齿。大孢子叶球半球形；大孢子叶柄密被黄褐色茸毛，后逐渐脱落仅柄部有残留，顶片卵圆形至卵状披针形，边缘篦齿状深裂，侧裂片 13～24 枚，顶裂片钻形至披针形，明显长于侧裂片；胚珠（2～）4～6（～8），扁球形，无毛，先有短尖头。种子倒卵状球形至扁球形，黄褐色，无毛；中种皮具疣状突起。

▶**物　候　期**　花期 4—5 月，种子 8—9 月成熟。

▶**分　　布**　福建（三明、漳州）、广东（河源、江门、清远、韶关、深圳）、广西（贺州、桂林）、四川（引种栽培）。

▶**生　　境**　生于海拔 90～500 m 的沟谷次生杉木林下。

▶**用　　途**　具有重要的科研价值和一定的生态价值、观赏价值。

▶**致危因素**　生境破碎化或丧失、物种自身特性导致种群更新困难、过度利用。

台东苏铁（台湾苏铁）

（苏铁科　Cycadaceae）

Cycas taitungensis C.F. Shen, K.D. Hill, C.H. Tsou & C.J. Chen

国家重点保护级别	CITES 附录	IUCN 红色名录
一级	附录 II	极危（CR）

▶形态特征　常绿灌木。茎干圆柱形，稀分枝，高达 2.5 m，稀达 5 m，直径可达 45 cm，叶痕宿存，密被茎顶茸毛。鳞叶三角状披针形，长 6 ~ 12 cm，宽 2 ~ 2.5 cm，顶端刺尖，密生淡棕色茸毛。羽叶平展，长 80 ~ 200 cm，基部羽片渐成柄刺，叶柄长 10 ~ 25 cm，幼时被稀疏柔毛，具 10 ~ 25 对短刺，间距 1 ~ 1.5 cm，长约 0.3 cm；羽片 100 ~ 200 对，中部羽片条形，长（10 ~）15 ~ 22 cm，宽 0.4 ~ 0.8 cm，革质，深绿色，边缘平，不反卷，先端渐尖，顶有小尖头，中脉在上面平或微隆起，在下面隆起。小孢子叶球长 30 ~ 50（~ 60）cm，直径 8.5 ~ 10 cm，狭圆柱形至狭卵形，直立，黄褐色；小孢子叶长 2.5 ~ 4.5 cm，宽 1.1 ~ 1.8 cm，有小尖头，外被棕色茸毛。大孢子叶球卵球形，直径 20 ~ 26 cm；大孢子叶长 10 ~ 28 cm，密被褐色茸毛，背面茸毛后期脱落，柄部长 7 ~ 15 cm；顶片长 9 ~ 14 cm，宽 7 ~ 11 cm，宽卵形，篦齿状分裂，两侧各具钻形裂片 13 ~ 20 枚，裂片长 2 ~ 5 cm，宽 0.3 cm；胚珠（2 ~）4 ~ 6 枚，密被棕色茸毛。种子椭球形至扁阔椭球形，成熟时为深红色或橘红色，干后变紫红色或黑色，密被或疏被棕色茸毛，长 3.8 ~ 4.5 cm，宽 2 ~ 3 cm。

▶物　候　期　花期 4—5 月，种子 9—10 月成熟。

▶分　　　布　台湾（台东）。

▶生　　　境　生于海拔 300 ~ 950 m 的海岸悬崖或林下。

▶用　　　途　具有重要的科研价值和一定的生态价值、观赏价值。

▶致危因素　生境破碎化或丧失、物种自身特性导致种群更新困难、过度利用。

台湾苏铁（广东苏铁、闽粤苏铁、海南苏铁、葫芦苏铁、三亚苏铁、陵水苏铁、念珠苏铁、海铁鸥）

（苏铁科 Cycadaceae）

Cycas taiwaniana Carruth.

国家重点保护级别	CITES 附录	IUCN 红色名录
一级	附录 II	极危（CR）

▶**形态特征**　常绿灌木。茎干圆柱形或基部膨大，偶见念珠状，高达 1.5（~3.5）m，直径达 35 ~ 40 cm，叶柄基部宿存，后期脱落，茎顶无茸毛。鳞叶披针形，长 7 ~ 13 cm，宽 1.5 ~ 1.8 cm。羽叶长 1 ~ 3 m，叶柄长 25 ~ 150 cm，刺 10 ~ 60 对；羽片 40 ~ 150 对，中部羽片条形，长 17 ~ 40 cm，宽 0.6 ~ 1.6 cm，薄革质，平展，直或微弯，上部渐尖，有长尖头，基部不对称，下侧下延生长，无毛。小孢子叶球近圆柱形至长椭圆形；小孢子叶近楔形，顶端近截形，有刺状小尖头，下面及顶部密生暗黄色或锈色茸毛。大孢子叶球近球形；大孢子叶密生黄褐色或锈色茸毛，背面渐脱落至光滑，顶片菱形、宽卵圆形至卵状椭圆形，边缘篦齿状至羽状浅裂，每侧有（5 ~）11 ~ 23 枚侧裂片，裂片钻形，有刺尖头；胚珠 4 ~ 6 枚，宽倒卵球形或圆球形，先端常凹，无毛。种子球形至倒卵状球形，成熟时为红褐色；中种皮具疣状突起，两侧具明显的棱脊，向上逐渐消失。

▶**物 候 期**　花期 4—5 月，种子 11—12 月成熟。

▶**分　　布**　福建（厦门、漳州）、广东（汕头）、海南（昌江、琼中、陵水、定安、万宁、保亭）。

▶**生　　境**　生于海拔 70 ~ 300 m 的山坡灌丛、松林或热带雨林下。

▶**用　　途**　具有重要的科研价值和一定的生态价值、观赏价值。

▶**致危因素**　物种自身特性导致种群更新困难、生境破碎化或丧失、过度利用。

谭清苏铁（绿春苏铁）

（苏铁科　Cycadaceae）

Cycas tanqingii D.Y. Wang

国家重点保护级别	CITES 附录	IUCN 红色名录
一级	附录 II	近危（NT）

▶**形态特征**　常绿灌木，茎干圆柱形，高可达 2 m，叶柄基部宿存，茎顶无茸毛。鳞叶披针形，长约 8 cm，宽 3～4 cm，背面密被茸毛。羽叶 4～7 枚，开展，长 1.92～3.35 m，叶柄长 0.76～1.64 m，刺 50～59 对，间距 1.5～27 cm，刺长 0.1～0.3 cm；羽片 57～59 对，条形，中部羽片长 30～45.5 cm，宽 1.5～2.2 cm，基部楔形，下侧下延，先端渐尖，中脉两面隆起，坚纸质至薄革质，表面深绿色，有光泽，背面苍绿色。小孢子叶球圆柱形，长约 40 cm，径 5～8 cm；小孢子叶楔形，长 2.5～3 cm，顶端不育部分密被褐色短柔毛，宽 1～1.3 cm，先端具约 0.2 cm 长的小尖头。大孢子叶球近球形，径 15～20 cm；大孢子叶长 10～17 cm，柄部长 9～10 cm，顶片近圆形至卵圆形，长 5～5.5 cm，宽 5～6.5 cm，密被锈色短柔毛，后逐渐脱落，边缘篦齿状分裂，两侧具 6～9 枚侧裂片，裂片钻形，长 1.5～4 cm，顶裂片不明显，与侧裂片近等大；胚珠 2～4 枚，扁球形，径约 0.3 cm，具小尖头，无毛。种子倒卵状球形，长 3.5～4 cm，径 3～3.5 cm，中种皮具皱纹。

▶**物 候 期**　花期 4 月，种子 9—10 月成熟。

▶**分　　布**　云南（红河）；越南。

▶**生　　境**　生于海拔 800 m 以下的热带雨林下。

▶**用　　途**　具有重要的科研价值和一定的生态价值、观赏价值。

▶**致危因素**　盗采、开荒垦殖等，导致野生资源过度利用和生境破碎化、丧失。缺乏科学的就地、迁地保护措施和快速繁殖技术。现存自然种群个体数少，生长缓慢，且雌雄异株，自然结实率低，导致种群更新困难。

银杏

（银杏科　Ginkgoaceae）

Ginkgo biloba L.

国家重点保护级别	CITES 附录	IUCN 红色名录
一级		濒危（EN）

▶**形态特征**　乔木。树皮灰褐色，纵裂。叶扇形，有长柄，淡绿色，无毛，具多数叉状并列细脉，在长枝上螺旋状排列散生，常 2 裂，在短枝上呈簇生状，常具波状缺刻。球花单性，雌雄异株，生于短枝顶部的鳞片状叶的腋内，呈簇生状；雄球花具短梗，荑黄花序状，雄蕊多数，螺旋状着生；雌球花具长梗，梗端常分 2 叉，叉顶生珠座，各具 1 枚直立胚珠。种子核果状，具长梗，下垂，外种皮肉质，中种皮骨质，内种皮膜质。

▶**物候期**　花期 3—4 月，种子 9—10 月成熟。

▶**分　布**　浙江、重庆、广西、湖北、湖南、安徽、福建、江苏、山东；国内各省均栽培。

▶**生　境**　生于海拔 500～1000 m 排水良好地带的天然林中。

▶**用　途**　可作为庭院树、行道树及用材树种（建筑、家具、室内装饰、雕刻、绘图版），种子可药用，叶可作药用、肥料及制作杀虫剂。

▶**致危因素**　自身更新困难。

海南罗汉松

（罗汉松科　Podocarpaceae）

Podocarpus annamiensis N.E. Gray

国家重点保护级别	CITES 附录	IUCN 红色名录
二级		濒危（EN）

▶**形态特征**　乔木，高达 16 m，胸径达 60 cm。树皮灰褐色。顶芽近圆球形，外面芽鳞先端短尖，里面芽鳞先端圆。叶螺旋状着生，常集生枝顶，厚革质，条状披针形或条状，稀椭圆状披针形，长 4 ~ 10.5 cm，宽 5 ~ 10 mm，上部渐窄，先端钝圆或钝尖，基部楔形，有短柄。雄球花穗状单生，稀 2 ~ 3 个簇生。种子卵圆形，长 8 ~ 10 mm，直径约 6 mm。

▶**物　候　期**　花期 3—4 月，种子 9—10 月成熟。

▶**分　　　布**　海南；缅甸、越南。

▶**生　　　境**　生于海拔 600 ~ 1600 m 的常绿阔叶林中。

▶**用　　　途**　可作盆栽观赏，木材可用于雕刻、制作书法材料及乐器。

▶**致危因素**　过度采挖。

短叶罗汉松

（罗汉松科　Podocarpaceae）

Podocarpus chinensis (Roxb.) J. Forbes

国家重点保护级别	CITES 附录	IUCN 红色名录
二级		近危（NT）

▶**形态特征**　小乔木或呈灌木状。树皮灰色或灰褐色，浅纵裂，呈薄片状脱落，枝条向上斜展。叶短而密生，先端钝或圆，上面为深绿色，中脉显著隆起，下面带白色，中脉微隆起。雄球花穗状、腋生，常 3～5 个簇生于极短的总梗上，基部有数枚三角状苞片；雌球花单生叶腋，有梗，基部有少数苞片。

▶**物　候　期**　花期 4—5 月，种子 8—9 月成熟。

▶**分　　　布**　陕西、安徽、江苏、江西、湖南、湖北、四川、贵州、云南、福建、广西、澳门；日本。

▶**生　　　境**　生于海拔 1000 m 以下的森林中。

▶**用　　　途**　可作庭院树，用于盆栽。

▶**致危因素**　生境退化、森林砍伐。

柱冠罗汉松

（罗汉松科　Podocarpaceae）

Podocarpus chingianus S.Y. Hu

国家重点保护级别	CITES 附录	IUCN 红色名录
二级		数据缺乏（DD）

▶**形态特征**　乔木。树皮灰色或灰褐色，浅纵裂，呈薄片状脱落。树冠圆柱形；枝向上直伸，小枝具密集、凸起的椭圆形横向叶痕。叶小，矩圆状倒披针形或倒披针形，先端钝或圆，基部楔形，中脉明显。雄球花穗状腋生，3 个簇生；雌球花单生叶腋，有梗，基部有少数苞片。种子卵球形，先端圆，成熟时肉质假种皮紫黑色，有白粉，种托肉质圆柱形。

▶**物 候 期**　花期 4—5 月，种子 8—9 月成熟。

▶**分　　布**　江苏、浙江、甘肃、广东。

▶**生　　境**　生于海拔 1000 m 以下的灌丛或林下。

▶**用　　途**　可作庭院树，用于盆栽。

▶**致危因素**　自然种群过小。

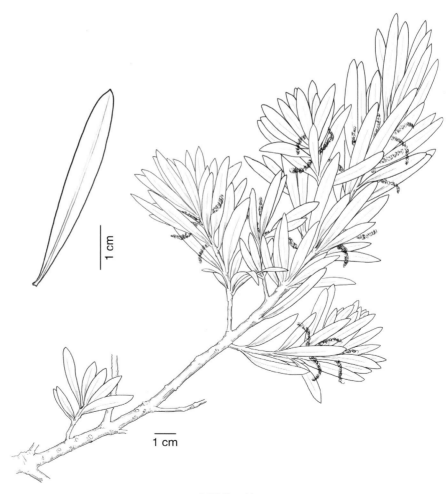

李爱莉　绘

兰屿罗汉松

Podocarpus costalis C. Presl

（罗汉松科　Podocarpaceae）

国家重点保护级别	CITES 附录	IUCN 红色名录
二级		易危（VU）

▶**形态特征**　灌木或小乔木。树皮绿色；枝条平展。叶螺旋状着生，集生枝顶，革质，倒披针形或条状倒披针形，无白粉，上部微窄，先端圆或钝，基部渐窄成短柄，下面中脉隆起，淡绿色。雄球花单生，穗状圆柱形，无柄。种子椭球形，腋生，假种皮深蓝色，先端圆，有小尖头，种托肉质，圆柱形，基部有 2 枚苞片，梗长约 1 cm。

▶**物 候 期**　花期 4—5 月，种子 8—9 月成熟。

▶**分　　布**　台湾；菲律宾。

▶**生　　境**　生于近海平面的海岸边。

▶**用　　途**　用于盆栽。

▶**致危因素**　生境退化或丧失、自然种群过小。

罗汉松

（罗汉松科　Podocarpaceae）

Podocarpus macrophyllus (Thunb.) Sweet

国家重点保护级别	CITES 附录	IUCN 红色名录
二级		易危（VU）

▶**形态特征**　乔木。树皮灰色或灰褐色，浅纵裂，呈薄片状脱落；枝开展或斜展，较密。叶螺旋状着生，条状披针形，微弯，先端尖，基部楔形，上面深绿色，有光泽，中脉显著隆起，下面带白色、灰绿色或淡绿色，中脉微隆起。雄球花穗状、腋生，常 3 ~ 5 个簇生于极短的总梗上，基部有数枚三角状苞片；雌球花单生叶腋，有梗，基部有少数苞片。种子卵球形，先端圆，成熟时肉质假种皮紫黑色，有白粉，种托肉质圆柱形。

▶**物 候 期**　花期 4—5 月，种子 8—9 月成熟。

▶**分　　布**　安徽、江苏、江西、浙江、湖南、湖北、四川、贵州、云南、福建、台湾、广东、广西；日本。

▶**生　　境**　生于海拔 1000 m 以下的灌丛、路边。

▶**用　　途**　木材可用于制作家具、器具、文具及农具。

▶**致危因素**　过度采挖、砍伐。

台湾罗汉松

（罗汉松科　Podocarpaceae）

Podocarpus nakaii Hayata

国家重点保护级别	CITES 附录	IUCN 红色名录
二级		濒危（EN）

▶**形态特征**　乔木。树皮淡灰色；小枝无毛；顶芽卵球形。叶条状披针形、条形或披针形，革质，直或微弯，边缘稍薄，上部微渐窄，先端钝尖或锐尖，基部窄狭，上面为光绿色，中脉隆起，下面为淡绿色，微被白粉，中脉稍凸起或微平，叶柄短。种子单生叶腋，卵球形或椭圆状卵球形，先端窄尖，肉质种托倒圆锥状椭球形，有两条不明显的纵槽，种梗长约 5 mm。

▶**物　候　期**　花期 4—5 月，种子 8—9 月成熟。

▶**分　　　布**　台湾。

▶**生　　　境**　生于海拔 300 ~ 800 m 的阔叶林。

▶**用　　　途**　可作庭院树，用于盆栽。

▶**致危因素**　生境退化或丧失、过度采挖。

百日青

（罗汉松科　Podocarpaceae）

Podocarpus neriifolius D. Don

国家重点保护级别	CITES 附录	IUCN 红色名录
二级	附录 Ⅲ	易危（VU）

▶**形态特征**　乔木。树皮灰褐色，薄纤维质，呈片状纵裂；枝条开展或斜展。叶螺旋状着生，披针形，厚革质，常微弯，上部渐窄，先端有渐尖的长尖头，萌生枝上的叶稍宽、有短尖头，基部渐窄，楔形，有短柄，上面中脉隆起，下面微隆起或近平。雄球花穗状，单生或 2 ~ 3 个簇生，总梗较短，基部有多数螺旋状排列的苞片。种子卵球形，顶端圆或钝，腋生，成熟时肉质假种皮紫红色，种托肉质橙红色，梗长 9 ~ 22 mm。

▶**物 候 期**　花期 5 月，种子 8—11 月成熟。

▶**分　　布**　江西、湖南、贵州、福建、广东、广西；不丹、柬埔寨、印度、印度尼西亚、老挝、马来西亚、缅甸、尼泊尔、巴布亚新几内亚、菲律宾、泰国、越南、太平洋岛屿。

▶**生　　境**　生于海拔 400 ~ 1000 m 的山地阔叶林中。

▶**用　　途**　木材可用于制作家具、乐器、文具及雕刻，可作庭院树。

▶**致危因素**　过度采挖、砍伐。

皮氏罗汉松

（罗汉松科　Podocarpaceae）

Podocarpus pilgeri Foxw

国家重点保护级别	CITES 附录	IUCN 红色名录
二级		无危（LC）

▶**形态特征**　乔木。树皮不规则纵裂；枝条密生，小枝向上伸展，淡褐色，无毛，有棱状隆起的叶枕。叶常密生枝的上部，叶间距离极短，革质或薄革质，窄椭圆形、窄矩圆形或披针状椭圆形，幼树或萌芽枝的叶先端钝、有凸起的小尖头，上面为绿色，有光泽，中脉隆起，下面色淡，干后为淡褐色，中脉微隆起，伸至叶尖，边缘微向下卷曲，先端微尖或钝，基部渐窄，叶柄极短。雄球花穗状、单生或 2 ~ 3 个簇生叶腋，近于无梗，基部苞片约 6 枚，花药卵球形，几乎无花丝；雌球花单生叶腋，具短梗。种子椭圆状球形或卵球形，先端钝圆、有凸起的小尖头；种托肉质，圆柱形，梗长 5 ~ 15 mm。

▶**物　候　期**　花期 6 月，种子 10 月成熟。

▶**分　　　布**　云南、广东、广西、海南。

▶**生　　　境**　生于海拔 700 ~ 1200 m（云南麻栗坡、西畴海拔 1000 ~ 2000 m）的常绿阔叶林中或高山矮林内。

▶**用　　　途**　木材可用于制作家具、器具、车辆、农具。

▶**致危因素**　生境退化或丧失、过度砍伐。

翠柏

（柏科　Cupressaceae）

Calocedrus macrolepis Kurz

国家重点保护级别	CITES 附录	IUCN 红色名录
二级		易危（VU）

▶**形态特征**　乔木。树皮幼时平滑，老则纵裂；枝斜展；小枝互生，两列状。鳞叶两对交叉对生，呈节状，小枝上下两面中央的鳞叶扁平，露出部分楔状，先端急尖，两侧之叶对折，瓦覆着中央的叶的侧边及下部，小枝下面的叶微被白粉或无白粉。雌雄球花分别生于不同短枝的顶端，雄球花矩圆形或卵圆形，黄色，每一雄蕊具 3～5（通常 4）个花药。着生雌球花及球果的小枝圆柱形或四棱形，其上着生 6～24 对交叉对生的鳞叶，鳞叶背部拱圆或具纵脊；球果矩圆形、椭圆柱形或卵状圆柱形，种鳞 3 对，木质，扁平，最下一对形小，最上一对结合而生，仅中间一对各有 2 粒种子。种子近卵球形或椭球形，微扁，上部有两个大小不等的膜质翅，长翅连同种子几与中部种鳞等长。

▶**物 候 期**　花期 3—4 月，种子 9—10 月成熟。

▶**分　　布**　云南、贵州、广西、广东；越南、缅甸。

▶**生　　境**　生于海拔 1000～2000 m 的林内。

▶**用　　途**　木材可用作桥梁等建筑材料、作为板料、制作家具。

▶**致危因素**　生境退化或丧失。

岩生翠柏

Calocedrus rupestris Aver., T.H. Nguyên & P.K. Lôc

（柏科　Cupressaceae）

国家重点保护级别	CITES 附录	IUCN 红色名录
二级		濒危（EN）

▶**形态特征**　常绿乔木。树冠广圆形；树皮纵裂，片状剥落，树脂橙黄色，有松香味；小枝向上斜展、排成平面，明显成节。鳞叶交叉对生，先端宽钝状至钝状，叶基下延，两面异型，中央的叶扁平，两侧的叶对折，楔状，瓦覆于中央的叶的侧边，无腺体，叶背通常绿色或具不显著白色气孔带。雌雄同株，雄球花单生枝顶，圆柱形；着生雌球花及球果的小枝圆柱形或四棱形，具6～8（12）枚鳞片。球果绿褐色，单生或成对生于枝顶；种鳞2对，扁平，宽卵状，下面1对可育，通常种子2枚（很少1枚）。种子卵球形或椭球形，先端急尖，微扁，上部具2个不等大的翅。

▶**物　候　期**　花期12月至次年1月，种子9—10月成熟。

▶**分　　　布**　广西、贵州；越南。

▶**生　　　境**　生于海拔800～1300 m的石灰岩山顶或陡峭的悬崖边。

▶**用　　　途**　木材可用作桥梁等建筑材料、作为板料、制作家具。

▶**致危因素**　生境退化或丧失。

红桧

（柏科　Cupressaceae）

Chamaecyparis formosensis Matsum.

国家重点保护级别	CITES 附录	IUCN 红色名录
二级		濒危（EN）

▶**形态特征**　乔木。树皮淡红褐色，生鳞叶的小枝扁平，排成一平面。鳞叶菱形，先端锐尖，背面有腺点，有时具纵脊，小枝上面的叶为绿色，微有光泽，下面的叶有白粉。球果矩球形或矩圆状卵球形；种鳞5~6对，盾形，顶部具少数沟纹，中央稍凹，有尖头；种子扁，倒卵球形，红褐色，微有光泽，两侧具窄翅。

▶**物 候 期**　花期4—5月，种子9—10月成熟。

▶**分　　布**　台湾。

▶**生　　境**　生于海拔 1000~2900 m 的林缘。

▶**用　　途**　木材可用作建筑、土木工程材料，制作舟车、器具、家具。

▶**致危因素**　生境退化或丧失、过度砍伐。

岷江柏木

（柏科　Cupressaceae）

Cupressus chengiana S.Y. Hu

国家重点保护级别	CITES 附录	IUCN 红色名录
二级		易危（VU）

▶**形态特征**　乔木。枝叶浓密，生鳞叶的小枝斜展，不下垂，不排成平面，末端鳞叶枝粗，圆柱形。鳞叶斜方形，交叉对生，排成整齐的 4 列，背部拱圆，无蜡粉，无明显的纵脊和条槽，或背部微有条槽，腺点位于中部。二年生枝带紫褐色、灰紫褐色或红褐色，三年生枝皮鳞状剥落。成熟的球果近球形或略长，直径 1.2 ~ 2 cm；种鳞 4 ~ 5 对，顶部平，不规则扁四边形或五边形，无白粉。种子多数，扁圆形或倒卵状圆形，两侧种翅较宽。

▶**物 候 期**　花期 4—5 月，球果次年夏季成熟。

▶**分　　布**　四川、甘肃。

▶**生　　境**　生于海拔 1200 ~ 2900 m 的干燥阳坡。

▶**用　　途**　木材可用作建筑材料，制作家具、器具。

▶**致危因素**　生境退化或丧失。

巨柏

（柏科　Cupressaceae）

Cupressus gigantea W.C. Cheng & L.K. Fu

国家重点保护级别	CITES 附录	IUCN 红色名录
一级		易危（VU）

▶**形态特征**　乔木。树皮纵裂成条状；生鳞叶的枝排列紧密，粗壮，不排成平面，常呈四棱形，稀呈圆柱形，常被蜡粉，末端的鳞叶枝径粗 1~2 mm，不下垂；二年生枝淡紫褐色或灰紫褐色，老枝黑灰色，枝皮裂成鳞状块片。鳞叶斜方形，交叉对生，紧密排成整齐的 4 列，背部有钝纵脊或拱圆，具条槽，无明显腺点。雄球花花期早于雌球花。球果矩圆状球形，无白粉；种鳞 6 对，木质，盾形，顶部平，多呈五角形或六角形，或上部种鳞呈四角形，中央有明显而凸起的尖头，能育种鳞具多数种子。种子两侧具窄翅。

▶**物 候 期**　花期 3—4 月，种子次年 9—10 月成熟。

▶**分　　布**　西藏。

▶**生　　境**　生于海拔 3000~3400 m 的江边山坡。

▶**用　　途**　可作雅鲁藏布江下游的造林树种。

▶**致危因素**　生境退化或丧失、过度砍伐及放牧。

西藏柏木

（柏科　Cupressaceae）

Cupressus torulosa D. Don ex Lamb

国家重点保护级别	CITES 附录	IUCN 红色名录
一级		濒危（EN）

▶**形态特征**　乔木。生鳞叶的枝不排成平面，圆柱形，末端的鳞叶枝细长，微下垂或下垂，排列较疏，二、三年生枝灰棕色，枝皮裂成块状薄片。鳞叶排列紧密，近斜方形，先端通常微钝，背部平，中部有短腺槽。球果生于长约 4 mm 的短枝顶端，宽卵球形或近球形，成熟后为深灰褐色；种鳞 5～6 对，顶部五角形，有放射状的条纹，中央具短尖头或近平，能育种鳞有多粒种子。种子两侧具窄翅。

▶**物　候　期**　花期 2—3 月，种子成熟时间未知。

▶**分　　布**　西藏。

▶**生　　境**　生于海拔 1800～2800 m 的石灰岩山地。

▶**用　　途**　木材可用作桥梁等建筑材料，制作车厢、电杆、器具、家具，造纸。

▶**致危因素**　过度砍伐。

▶**备　　注**　研究表明 *Cupressus torulosa* 可能只分布在尼泊尔和巴基斯坦，西藏的种类可能为 *C.austrotibetica*。

福建柏

（柏科 Cupressaceae）

Fokienia hodginsii (Dunn) A. Henry & H.H. Thomas

国家重点保护级别	CITES 附录	IUCN 红色名录
二级		易危（VU）

▶**形态特征** 乔木。树皮紫褐色；生鳞叶的小枝扁平，排成一平面。鳞叶 2 对交叉对生，呈节状，生于幼树或萌芽枝上的中央的叶呈楔状倒披针形，上面的叶为蓝绿色，下面的叶中脉隆起，两侧具凹陷的白色气孔带，侧面的叶对折，背有棱脊，先端渐尖或微急尖，通常直而斜展，稀微向内曲，背侧面具一凹陷的白色气孔带；生于成龄树上的叶较小，两侧的叶先端稍内曲。雄球花近球形。球果近球形，木质，熟时张开；种鳞顶部多角形，表面皱缩稍

凹陷，中间有一小尖头突起。种子顶端尖，具 3 ~ 4 棱，上部有 2 个大小不等的翅。

▶**物 候 期** 花期 3—4 月，种子次年 10—11 月成熟。

▶**分　　布** 江西、浙江、湖南、四川、贵州、云南、福建、广东、广西；老挝、越南。

▶**生　　境** 生于海拔 100 ~ 700 m（福建），1000 m（贵州、湖南、广东、广西）及 800 ~ 1800 m（云南）的山地森林中。

▶**用　　途** 木材可用作房屋、桥梁等建筑材料，用于土木工程及制作家具。

▶**致危因素** 生境退化或丧失、过度砍伐。

水松

（柏科　Cupressaceae）

Glyptostrobus pensilis (D. Don) K. Koch

国家重点保护级别	CITES 附录	IUCN 红色名录
一级		极危（CR）

▶**形态特征**　乔木。树皮纵裂成不规则的长条片；短枝从二年生枝的顶芽或多年生枝的腋芽伸出，冬季脱落；主枝则从多年生及二年生的顶芽伸出，冬季不脱落。叶多型，鳞形叶螺旋状着生，有白色气孔点，冬季不脱落；条形叶及条状钻形叶均于冬季连同侧生短枝一同脱落。球果倒卵形；种鳞木质，扁平，先端圆，鳞背近边缘处有 6～10 个微向外反的三角状尖齿；苞鳞与种鳞几全部合生，仅先端分离，三角状，向外反曲，位于种鳞背面的中部或中上部。种子下端有长翅。

▶**物　候　期**　花期 1—2 月，球果秋后成熟。

▶**分　　　布**　江西、四川、云南、福建、广东、广西、海南。

▶**生　　　境**　生于海拔 1000 m 以下的水湿环境。

▶**用　　　途**　木材可用作桥梁等建筑材料，制作家具、救生圈、瓶塞，种鳞、树皮可染渔网或制皮革，可作庭院树。

▶**致危因素**　生境退化或丧失、物种自身因素、过度砍伐。

167

水杉

（柏科　Cupressaceae）

Metasequoia glyptostroboides Hu & W.C. Cheng

国家重点保护级别	CITES 附录	IUCN 红色名录
一级		极危（CR）

▶**形态特征**　乔木。树干基部常膨大；幼树树皮裂成薄片脱落，大树树皮裂成长条状脱落，内皮为淡紫褐色；枝斜展，小枝下垂，幼树树冠尖塔形，老树树冠广圆形，枝叶稀疏；侧生小枝排成羽状，冬季凋落。叶条形，交叉对生，沿中脉有两条较边带稍宽的淡黄色气孔带，每带有 4 ~ 8 条气孔线，叶在侧生小枝上列成 2 列，羽状，冬季与枝一同脱落。球果下垂，近四棱状球形或矩圆状球形，成熟前为绿色，成熟时为深褐色，梗长 2 ~ 4 cm，其上有交叉对生的条形叶；种鳞木质，盾形，通常 11 ~ 12 对，交叉对生，能育种鳞有 5 ~ 9 枚种子。种子扁平，周围有翅。

▶**物　候　期**　花期 2 月下旬，球果 11 月成熟。

▶**分　　　布**　湖南、湖北、重庆。

▶**生　　　境**　生于海拔 750 ~ 1500 m 的河流两旁、湿润山坡及沟谷。

▶**用　　　途**　木材可供房屋建筑、板料、电杆、家具及木纤维工业原料等用，可作造林树种及绿化树种。

▶**致危因素**　放牧及砍伐、自身更新能力有限。

台湾杉（秃杉）

（柏科　Cupressaceae）

Taiwania cryptomerioides Hayata

国家重点保护级别	CITES 附录	IUCN 红色名录
二级		易危（VU）

▶**形态特征**　常绿乔木。枝平展，树冠广圆形。叶单生，螺旋状着生，全缘，大树的叶为钻形、腹背隆起，背脊和先端向内弯曲，四面均有气孔线；幼树及萌生枝上的叶的两侧为扁的四棱钻形，微向内侧弯曲，先端锐尖。雄球花 2 ~ 7 个簇生枝顶，雄蕊 10 ~ 36 枚，每雄蕊有 2 ~ 3 个花药，雌球花球形，球果卵球形或短圆柱形；种鳞扁平，螺旋状着生，上部边缘近膜质，先端中央有突起的小尖头，背面先端下方有不明显的圆形腺点。种子长椭球形或长椭圆状倒卵形，有翅。

▶**物 候 期**　花期 4—5 月，球果 10—11 月成熟。

▶**分　　布**　湖北、四川、贵州、云南、西藏、台湾；越南、缅甸。

▶**生　　境**　生于海拔 500 ~ 2800 m 的林中。

▶**用　　途**　木材可用于建筑、桥梁、电杆、舟车、家具、板材及造纸原料等。

▶**致危因素**　生境退化或丧失、自身更新能力有限、过度砍伐。

朝鲜崖柏

(柏科　Cupressaceae)

Thuja koraiensis Nakai

国家重点保护级别	CITES 附录	IUCN 红色名录
二级		极危（CR）

▶**形态特征**　乔木。幼树树皮红褐色，平滑，有光泽，老树树皮灰红褐色，浅纵裂；枝条平展或下垂，树冠圆锥形；当年生枝绿色，二年生枝红褐色，三、四年生枝灰红褐色。叶鳞形，中央的叶近斜方形，先端微尖或钝，下方有明显或不明显的纵脊状腺点，侧面的叶船形，长与中央的叶等长或稍短；小枝上面的鳞叶绿色，下面的鳞叶被或多或少的白粉。雄球花卵球形，黄色。球果椭圆状球形，熟时深褐色；种鳞4对，交叉对生，薄木质，最下部的种鳞近椭圆形，中间两对种鳞近矩圆形，最上部的种鳞窄长，近顶端有突起的尖头。种子椭球形，扁平，两侧有翅。

▶**物 候 期**　花期5月，球果9月成熟。

▶**分　　布**　吉林；朝鲜。

▶**生　　境**　生于海拔700~1800 m的山地。

▶**用　　途**　木材可用作建筑、舟车、器具、家具、农具等材料，叶可提取芳香油或为制线香的原料。

▶**致危因素**　生境退化或丧失、物种内在因素、种间影响、过度砍伐。

崖柏

（柏科　Cupressaceae）

Thuja sutchuenensis Franch.

国家重点保护级别	CITES 附录	IUCN 红色名录
一级		濒危（EN）

▶**形态特征**　灌木或乔木，高可达 20m。常绿，雌雄同株。枝条密，开展，生鳞叶的小枝扁。叶鳞形，长 1.5 ~ 4 mm，宽 1 ~ 1.5 mm，二型；生于小枝中央的叶斜方状倒卵形，有隆起的纵脊，有的纵脊有条形凹槽，先端钝，下方无腺点；侧面的叶船形，宽披针形，较中央的叶稍短，先端钝，尖头内弯，无白粉。雄球花近椭球形，单个顶生；雄蕊约 6 ~ 8 对，交叉对生，药隔宽卵形，先端钝。球果椭球形，种鳞 8 片，交叉对生，最外面的种鳞倒卵状椭圆形，顶部下方有一鳞状尖头。种子长 3 ~ 4 mm，宽约 1.5 mm，扁平，具翅。

▶**物　候　期**　种子 9—10 月成熟。

▶**分　　　布**　重庆（城口、开县）。

▶**生　　　境**　生于海拔 1400 m 的林地。

▶**用　　　途**　木材可用作建筑材料。

▶**致危因素**　生境退化或丧失、过度采挖。

越南黄金柏

Xanthocyparis vietnamensis Farjon & T.H. Nguyên

国家重点保护级别	CITES 附录	IUCN 红色名录
二级		濒危（EN）

▶**形态特征**　常绿小乔木。树皮条状及鳞片状剥落，老树树皮纤维状剥落。分枝多，通常斜向上交错伸展。幼树线形叶着生稠密，分枝稀疏；成年树多为鳞状叶，有时存在线形叶或过渡型叶，枝条常扁平状。鳞状叶交叉对生，微下延，边缘重叠呈覆瓦状，小枝侧面叶折合状，边缘疏被齿，先端锐尖，正面叶狭卵状菱形，龙骨脊状，边缘具小齿或全缘，先端锐尖。鳞状叶表面具蜡质层，气孔不明显。雄球花卵状圆柱形，雄蕊 10 ~ 12 枚，顶端具短尖头，每枚雄蕊具 2 个大的近球形花药。雌球花疏生，有时 2 ~ 3 枚簇生于鳞状叶的外边缘或近基部。苞鳞通常 4 枚交叉对生，有时 6 枚，镊合状至近盾状。种鳞 2 ~ 3 对，木质，背面弯拱，顶端中部具锥状突起。每珠鳞具胚珠 1 ~ 3 枚，种子卵形或不规则，扁平，具膜质翅。

▶**物　候　期**　花期 3—5 月。

▶**分　　　布**　广西；越南。

▶**生　　　境**　生于海拔 700 ~ 1300 m 的石灰岩山地。

▶**用　　　途**　木材可用作房屋等建筑材料。

▶**致危因素**　生境退化或丧失、过度砍伐。

穗花杉

（红豆杉科　Taxaceae）

Amentotaxus argotaenia (Hance) Pilg.

国家重点保护级别	CITES 附录	IUCN 红色名录
二级		易危（VU）

▶**形态特征**　灌木或小乔木。树皮灰褐色或淡红褐色，裂成片状脱落；小枝斜展或向上伸展。叶基部扭转成 2 列，条状披针形，直或微弯镰状，长 3 ~ 11 cm，宽 6 ~ 11 mm，先端尖或钝，基部渐窄，楔形或宽楔形，有极短的叶柄，边缘微向下曲，下面白色气孔带与绿色边带等宽或较窄；萌生枝的叶较长，通常镰状，稀直伸，先端有渐尖的长尖头，气孔带较绿色边带窄。雄球花具（1 ~ ）2 ~ 4 穗，雄蕊有 2 ~ 3（~ 5）个花药。种子椭球形，被红色肉质的假种皮包裹（成熟时），顶端有小尖头露出，基部宿存苞片的背部有纵脊，种梗扁四棱形。

▶**物 候 期**　花期 4 月，种子 10 月成熟。

▶**分　　布**　甘肃、江苏、江西、浙江、湖南、湖北、四川、贵州、西藏、福建、台湾、广东、广西；越南。

▶**生　　境**　生于海拔 300 ~ 1100 m 的阴湿溪谷两旁或林内。

▶**用　　途**　木材可供雕刻，制作器具、农具，细木加工，可作庭院树。

▶**致危因素**　生境退化或丧失、森林砍伐。

▶**备　　注**　有 1 变种，**短叶穗花杉** *Amentotaxus argotaenia* var. *brevifolia* K.M. Lan & F.H. Zhang 叶长 2 ~ 3.7 cm，宽 5 ~ 7 mm。雄球花为穗状花序，多达 10 穗，长 1.5 ~ 5.5 cm。种子有梗，长约为苞片长度的 2/3。

藏南穗花杉

（红豆杉科　Taxaceae）

Amentotaxus assamica D.K. Ferguson

国家重点保护级别	CITES 附录	IUCN 红色名录
二级		极危（CR）

▶**形态特征**　乔木，高约 20 m。树皮灰白色，坚硬。芽卵状，长 8.5～17 mm，宽 4～8 mm。叶近对生，叶柄长 1～4 mm，线形至披针形，略呈镰状或"S"形，长 2～15 cm，宽 3.8～12.3 mm，长为宽的 6～13 倍，先端尖，基部楔形或宽楔形，边缘全缘，有时微向下曲。雄球花穗枝顶着生，4 穗，长 40～55 mm；雄蕊盾状，具有 2～4 个花药。

▶**物　候　期**　花期为 4 月。

▶**分　　　布**　西藏。

▶**生　　　境**　生于雅鲁藏布江及其支流河谷海拔 750～2100 m 的林中。

▶**用　　　途**　材用。

▶**致危因素**　生境退化或丧失、森林砍伐。

Kew Bulletin, Vol. 40, No. 1 (1985)，李爱莉　仿绘

台湾穗花杉

（红豆杉科 Taxaceae）

Amentotaxus formosana H.L. Li

国家重点保护级别	CITES 附录	IUCN 红色名录
二级		濒危（EN）

▶**形态特征** 小乔木。大枝稀疏，小枝斜展，微圆或近方形。叶成 2 列，披针形或条状披针形，通常呈微弯镰状，长 5 ~ 8.5 cm，宽 5 ~ 10 mm，上部渐窄，先端长尖，基部宽楔形或近圆形，几无柄，上面为深绿色，两面中脉微隆起，宽约 1 mm，白色气孔带较绿色边带宽约 2 mm。雄球花穗 2 ~ 4 穗，稀 1 穗或 5 穗，雄球花几无梗，雄蕊有 5 ~ 8 个花药，花丝极短，长不及 1 mm；雌球花近圆球形，有长梗，基部约有 10 枚苞片。种子倒卵状椭球形或椭球形，假种皮熟时为深红色，顶端有小尖头露出，基部宿存苞片具背脊。

▶**物 候 期** 花期 2 月，种子 12 月成熟。

▶**分 布** 台湾。

▶**生 境** 生于海拔 700 ~ 1300 m 的阔叶林内阴湿地方或沟谷中。

▶**用 途** 木材可制作家具、农具、器具及工艺品等，可作庭院树。

▶**致危因素** 生境退化或丧失、生态系统改变。

河口穗花杉

（红豆杉科　Taxaceae）

Amentotaxus hekouensis L.M. Gao

国家重点保护级别	CITES 附录	IUCN 红色名录
二级		

▶**形态特征**　小乔木。分枝圆筒状或近四棱形；叶状小枝斜生或近直立，宽长圆形至长圆状椭圆形。叶生于小枝轴，2 列，近对生，每小枝上有 4～6 对叶；叶革质，薄，线形或线状披针形，长 8～12.5 cm，宽 9～14 mm，通常直，稍镰刀形，基部楔形，不对称，先端长渐尖，叶缘平或稍下卷，常呈波状；气孔带白色或绿白色，宽 2.1～3 mm，较叶缘带等宽或略窄，具气孔 25～30 行，密集排列；雄球花为总状，具 1～2 穗；每穗有雄球花 12～16 对，卵球形；雄蕊具 6～8 个花药，盾形。

▶**物 候 期**　雄球花 3—4 月成熟。

▶**分　　布**　云南。

▶**生　　境**　生于海拔 850～1200（～1750）m 的石灰岩山地。

▶**用　　途**　木材可用作建筑、家具、农具及雕刻等材料，可作庭院树。

▶**致危因素**　生境退化或丧失、气候变化。

云南穗花杉

Amentotaxus yunnanensis H.L. Li

（红豆杉科　Taxaceae）

国家重点保护级别	CITES 附录	IUCN 红色名录
二级		易危（VU）

▶**形态特征**　乔木。大枝开展，树冠广卵形；小枝向上伸展，微具棱脊。叶成 2 列，条形、椭圆状条形或披针状条形，通常直，稀上部微弯，长 3.5 ~ 10（~ 15）cm，宽 8 ~ 15 mm，先端钝或渐尖，基部宽楔形或近圆形，几无柄，边缘微向下反曲，上面中脉显著隆起，下面近平或微隆起，两侧的气孔带干后成褐色或淡黄白色，宽 3 ~ 4 mm，较绿色边带宽 1 倍或稍宽；萌生枝及幼树的叶的气孔带较窄。雄球花穗常 4 ~ 6 穗，雄蕊有 4 ~ 8（多为 6 ~ 7）个花药。种子椭球形，假种皮成熟时为红紫色，微被白粉，顶端有小尖头露出，基部苞片宿存，背有棱脊，梗较粗，下部扁平，上部扁四棱形。

▶**物 候 期**　花期 4 月，种子 12 月至次年 2 月成熟。

▶**分　　布**　贵州、云南；越南。

▶**生　　境**　生于海拔 1000 ~ 1600 m 的石灰岩山地。

▶**用　　途**　木材可用作建筑、家具、农具及雕刻等材料，可作庭院树。

▶**致危因素**　生境退化或丧失、直接采挖或砍伐。

海南粗榧

（红豆杉科　Taxaceae）

Cephalotaxus hainanensis H.L. Li

国家重点保护级别	CITES 附录	IUCN 红色名录
二级		濒危（EN）

▶**形态特征**　乔木。树皮通常浅褐色或褐色，稀黄褐色或红紫色，片状脱落。叶条形，排成 2 列，通常质地较薄，向上微弯或直，长 2 ~ 4 cm，宽 2.5 ~ 3.5 mm，基部圆截形，稀圆形，先端微急尖、急尖或近渐尖，干后边缘向下反曲，上面中脉隆起，下面有 2 条白色气孔带。雄球花的总梗长约 4 mm。种子通常微扁，倒卵状椭球形或倒卵球形，顶端有凸起的小尖头，成熟前假种皮为绿色，成熟后常呈红色。

▶**物　候　期**　花期 2—3 月，种子 9—10 月成熟。

▶**分　　布**　广东、海南；越南。

▶**生　　境**　生于海拔 700 ~ 1200 m 的山地雨林中。

▶**用　　途**　木材可用作建筑、家具、器具及农具等材料，枝、叶、种子可提取多种植物碱。

▶**致危因素**　生境退化或丧失、过度砍伐。

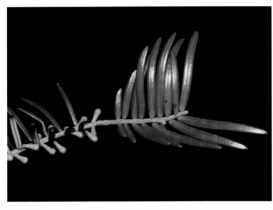

贡山三尖杉

Cephalotaxus lanceolata K.M. Feng ex W.C. Cheng, L.K. Fu & C.Y. Cheng

国家重点保护级别	CITES 附录	IUCN 红色名录
二级		极危（CR）

▶**形态特征** 乔木。树皮紫色，平滑；枝条下垂。叶薄革质，排成 2 列，披针形，微弯或直，长 4.5～10 cm，宽 4～7 mm，上部渐窄，先端成渐尖的长渐尖，基部圆形，上面深绿色，中脉隆起，下面气孔带白色，绿色中脉明显，具短柄。种子倒卵状椭球形，长 3.5～4.5 cm，假种皮成熟时为红褐色，种梗长 1.5～2 cm。

▶**物 候 期** 花期未知，种子 9—11 月成熟。

▶**分　　布** 云南；缅甸。

▶**生　　境** 生于海拔 1800～1900 m 的阔叶林中。

▶**用　　途** 木材可用作建筑、舟车、农具、家具及器具等材料，叶、枝、种子、根可提取多种植物碱，种仁可榨油供工业用。

▶**致危因素** 生境退化或丧失、自身更新能力有限、森林砍伐。

▶**备　　注** 本种有时处理为 *Cephalotaxus griffithii* Hook.f.

版纳粗榧

（红豆杉科　Taxaceae）

Cephalotaxus mannii Hook. f.

国家重点保护级别	CITES 附录	IUCN 红色名录
二级		濒危（EN）

▶**形态特征**　乔木，高可达 8 m。叶披针状条形，排成 2 列，向上微弯或直，长 3 ~ 4 cm，宽 2.5 ~ 4 mm，基部近圆形，先端渐尖，上面深绿色，中脉隆起，下面有 2 条白色气孔带，干后易脱落。雄球花 6 ~ 8 朵聚生成头状，总梗长约 5 mm；每个雄球花基部有 1 枚三角状卵形的苞片，雄蕊 7 ~ 13 枚。种子倒卵圆形，长约 3 cm。

▶**物 候 期**　花期 2—3 月，种子 8—10 月成熟。

▶**分　　布**　云南；越南、缅甸、印度。

▶**生　　境**　生于海拔 600 ~ 1300 m 的山地雨林中。

▶**用　　途**　材用。

▶**致危因素**　过度砍伐、生境退化或丧失。

篦子三尖杉

（红豆杉科 Taxaceae）

Cephalotaxus oliveri Mast.

国家重点保护级别	CITES 附录	IUCN 红色名录
二级		易危（VU）

▶**形态特征** 灌木。树皮灰褐色。叶条形，质硬，平展成 2 列，排列紧密，通常中部以上向上方微弯，稀直伸，基部截形或微呈心形，几无柄，先端凸尖或微凸尖，上面深绿色，微拱圆，中脉微明显或中下部明显，下面气孔带白色，较绿色边带宽 1 ~ 2 倍。雄球花 6 ~ 7 个聚生成头状花序，每一雄球花基部有 1 枚广卵形的苞片，雄蕊 6 ~ 10 枚，花药 3 ~ 4 个；通常 1 ~ 2 枚胚珠发育成种子。种子倒卵球形、卵球形或近球形，顶端中央有小凸尖，有长梗。

▶**物 候 期** 花期 3—4 月，种子 8—10 月成熟。

▶**分　　布** 江西、湖南、湖北、四川、重庆、贵州、云南、广东、广西。

▶**生　　境** 生于海拔 300 ~ 1800 m 的阔叶林或针叶林内。

▶**用　　途** 木材可用作农具及工艺品等材料，叶、枝、种子、根可提取多种植物碱，可作庭院树种。

▶**致危因素** 生境退化或丧失、自身更新能力有限、直接采挖或砍伐。

白豆杉

（红豆杉科　Taxaceae）

Pseudotaxus chienii (W.C. Cheng) W.C. Cheng

国家重点保护级别	CITES 附录	IUCN 红色名录
二级		易危（VU）

▶**形态特征**　灌木。树皮灰褐色，裂成条片状脱落；小枝近对生或近轮生，基部有宿存的芽鳞；冬芽鳞片覆瓦状排列，背部有明显的棱脊。叶条形，螺旋状着生，基部扭转成 2 列，直或微弯，先端凸尖，基部近圆形，有短柄，两面中脉隆起，上面为光绿色，下面有 2 条白色气孔带，较绿色边带为宽或几等宽。雌雄异株，球花单生叶腋，无梗；雄球花圆球形，基部有 4 对交叉对生的苞片，雄蕊盾形，交叉对生。种子卵球形，上部微扁，顶端有凸起的小尖，成熟时肉质杯状假种皮为白色，基部有宿存的苞片。

▶**物 候 期**　花期 3 月下旬至 5 月，种子 10 月成熟。

▶**分　　布**　江西、浙江、湖南、广东、广西。

▶**生　　境**　生于海拔 900～1400 m 的常绿阔叶林及落叶阔叶林中。

▶**用　　途**　木材可用作雕刻及器具等材料，可作庭院树种。

▶**致危因素**　生境退化或丧失、自身更新能力有限、直接采挖或砍伐。

灰岩红豆杉

（红豆杉科 Taxaceae）

Taxus calcicola L.M. Gao & Mich. Möller

国家重点保护级别	CITES 附录	IUCN 红色名录
一级		

▶**形态特征** 乔木，树干单轴分枝。芽鳞卵圆形，鳞片三角状卵圆形，在背部有脊，多数鳞片在新枝基部宿存。叶螺旋状着生，基部扭转排成 2 列，在小枝上紧密排列，几与小枝呈直角展开；叶条形，平直，上部与下部近等宽，长（0.9～）1.4～2.3（～3.1）cm，宽（1.9～）2.7～3.5（～4.5）mm，厚革质，基部具短柄或近无柄，先端急尖，有明显的短尖头。叶近轴面为深绿色，远轴面为黄绿色，具 2 条黄绿色气孔带，中脉凸起，不具乳头状突起或散生少数乳头状突起，叶缘带与中脉颜色相近，有光泽，与中脉等宽或稍宽。每侧气孔带具气孔 10～16 列，密集排列成不规则线型。雄球花腋生，单生。大孢子叶球腋生，单生。假种皮初为绿色，覆盖种子的下半部，成熟时短时间内发育成杯状肉质红色或橘红色假种皮。种子卵球形，长 5.2～6.5 mm，直径 4～5 mm，微扁，上部常具二钝棱脊，先端有突起的短钝尖头，成熟时为深褐色。

▶**物 候 期** 花期 3—4 月，种子 9—10 月成熟。

▶**分　　布** 云南、贵州（兴义、江口）、广西（那坡）；越南。

▶**生　　境** 生于海拔 800～1500 m 的喀斯特石灰岩山地森林中。

▶**用　　途** 药用、材用、观赏。

▶**致危因素** 生境破碎化或丧失、森林砍伐和土地利用。

密叶红豆杉（西藏红豆杉）

（红豆杉科　Taxaceae）

Taxus contorta Griff.

国家重点保护级别	CITES 附录	IUCN 红色名录
一级	附录 II	濒危（EN）

▶**形态特征**　乔木，通常基部多分茎。树皮薄，裂成不规则大片状脱落，红褐色。叶在小枝上较紧密地排成不规则的 2 列，常呈"V"形排列，叶与小枝的夹角为 40°~80°；叶条形，长（1.5~）2.3~3.1（~3.5）cm，宽（1.5~）1.7~
2（~2.3）mm，革质，通常直，边缘平行，叶缘外卷，基部楔形，具短柄，略扭曲，先端急尖，顶端小尖头不显著。叶片近轴面（上面）为深绿色，有光泽，中脉凸起，叶远轴面（下面）为黄绿色，有 2 条淡黄绿色气孔带，每条气孔带通常具气孔 6~9 列，中脉凸起，具密生的乳头状突起，与气孔带宽度近相等，颜色相近，无光泽。雄球花腋生，单生，在可育枝两侧排成行。小孢子叶 6~14 枚，盾状，具 4~9 个花粉囊。大孢子叶球腋生，单生，近无柄。假种皮覆盖种子的下半部，成熟时短时间内发育成杯状肉质红色假种皮，长 9~12 mm，宽 7~9 mm。种子椭球形，微扁，上部略宽，具二钝棱脊，先端有突起的尖头，长 6~7 mm，直径 4~5 mm。

▶**物候期**　花期 3—4 月，种子 9—10 月成熟。

▶**分　布**　西藏（吉隆、定日）；尼泊尔中部至西部、印度西北部、巴基斯坦北部及阿富汗东部。

▶**生　境**　生于海拔 1900~3300（~3450）m 的针阔混交林或针叶林中。

▶**用　途**　药用、材用、观赏。

▶**致危因素**　生境破碎化或丧失、自然种群过度采集。

东北红豆杉

（红豆杉科　Taxaceae）

Taxus cuspidata Siebold & Zucc.

国家重点保护级别	CITES 附录	IUCN 红色名录
一级	附录 II	濒危（EN）

▶**形态特征**　灌木或乔木，分枝较低，枝条较长，密生。树皮薄，有浅裂纹，裂成条状或片状脱落。叶在小枝上螺旋状着生，排成不规则的 2 列，多数侧枝斜向上伸展，形成"V"形；叶条形，通常直，长 1.5 ~ 3 cm，宽 2.2 ~ 3.5 mm，叶基具短柄，扭曲；先端急尖，具明显的短尖头。叶近轴面有 2 条黄绿色气孔带，中脉凸起，不具排列紧密的乳头状突起。每侧气孔带具气孔 8 ~ 10 列，排成不规则线型。雄球花单生叶腋，几无柄，球状。小孢子叶 9 ~ 15 枚，盾状，各具 5 ~ 8 个花粉囊。大孢子叶球腋生，单生，无柄。假种皮倒卵形，初时为绿色，种子成熟时短时间内发育成肉质深红色或紫红色杯状假种皮，顶端圆孔露出种子。种子宽卵形或三角状卵形，具 3（~ 4）条钝棱脊，顶端具小钝尖头。

▶**物　候　期**　花期 5—6 月，种子 9—10 月成熟。

▶**分　　　布**　辽宁（本溪、宽甸）、吉林（抚松、安图、延边、白山、通化）、黑龙江（穆棱、东宁）；俄罗斯（萨哈林岛、千岛群岛及滨海边疆区）、朝鲜、韩国、日本。

▶**生　　　境**　生于海拔 150 ~ 1400 m 的针阔混交林或针叶阔叶落叶林中。

▶**用　　　途**　药用、观赏。

▶**致危因素**　生境破碎化或丧失、自然种群过度采集。

高山红豆杉（川滇红豆杉）

Taxus florinii Spjut

国家重点保护级别	CITES 附录	IUCN 红色名录
一级		

▶**形态特征**　乔木，常在基部多分枝。树皮薄，淡红色或紫褐色，裂成条状或不规则片状脱落。叶在小枝上螺旋状着生，较密集地排成 2 列，与小枝的夹角多为 60°～90°；叶条形或条状披针形，多呈"S"形，或直或镰状，长（1.2～）1.9～2.8（～4.2）cm，宽（1.8～）2.2～2.9（～3.6）mm，从基部至中部以上变窄或叶缘平行，革质；先端微急尖，具明显的突尖头，叶缘平，几乎不外卷。叶近轴面为深绿色，远轴面为浅绿色，有 2 条黄绿色气孔带，中脉带密被乳头状突起，与气孔带颜色不同，无光泽，叶缘带与中脉近等宽或更宽，无光泽；每侧气孔带具气孔 8～11 列，较密集排列成不规则线型。雄球花腋生，单生，具短梗。小孢子叶 8～14 枚，盾状，各具 4～6（～8）个花粉囊。大孢子叶球腋生，单生或成对生，近无柄。假种皮初为绿色，覆盖种子的下半部，成熟时短时间内发育成杯状肉质红色假种皮。种子卵球形，微扁，具二钝棱脊，先端有突起的尖头。

▶**物　候　期**　花期 3—4 月，种子 9—10 月成熟。

▶**分　　布**　云南西北部、四川西南部、西藏（察隅）。

▶**生　　境**　生于海拔 2700～3300 m 的高山针叶林或针阔混交林中。

▶**用　　途**　药用、材用、观赏。

▶**致危因素**　生境破碎化或丧失、森林砍伐、自然种群过度采集。

台湾红豆杉

（红豆杉科　Taxaceae）

Taxus phytonii Spjut

国家重点保护级别	CITES 附录	IUCN 红色名录
一级	附录 II	

▶**形态特征**　乔木。树皮薄，紫褐色或灰色，裂成条状或不规则片状脱落。叶在小枝上螺旋状着生，有短柄或近无柄，较密集地排成 2 列；叶条形或条状披针形，"S"形或弯曲，叶常从 2/3 或 3/4 处开始变窄，长（1.3 ~ ）1.6 ~ 2.6（~ 3）cm，宽（1.8 ~ ）2 ~ 2.8（~ 3.1）mm，革质或薄革质；先端渐尖，突尖头不明显，叶缘外卷。叶近轴面为深绿色，远轴面为浅绿色，有 2 条淡黄绿色气孔带，中脉无乳头状突起，中脉与叶缘带颜色比气孔带深，有光泽，叶缘带与中脉近等宽；每侧气孔带具气孔 11 ~ 12 列，密集排列成不规则线型。雄球花腋生，单生，具短梗。小孢子叶 6 ~ 14 枚，盾状，各具 3 ~ 6 个花粉囊。大孢子叶球腋生，单生，近无柄。假种皮初为绿色，覆盖种子的下半部，成熟时短时间内发育成杯状肉质红色的假种皮。种子卵球形，微扁，具二钝棱脊，先端有突起的尖头。

▶**物候期**　花期 2—3 月，种子 10—11 月成熟。

▶**分　　布**　台湾；菲律宾北部。

▶**生　　境**　生于海拔 1800 ~ 2400 m 的常绿阔叶林或常绿针阔混交林中。

▶**用　　途**　药用、材用、观赏。

▶**致危因素**　生境片段化、气候变化、土地利用。

喜马拉雅红豆杉（须弥红豆杉）

（红豆杉科　Taxaceae）

Taxus wallichiana Zucc.

国家重点保护级别	CITES 附录	IUCN 红色名录
一级	附录 II	易危（VU）

▶**形态特征**　乔木，树干常为单轴分枝。树皮薄，淡红色或紫褐色，裂成条状或不规则片状脱落。叶在小枝上螺旋状着生，排成 2 列，较密，与小枝的夹角多为 60°～90°；叶条状披针形，呈镰状或"S"形，从基部或近中部变窄，革质；先端渐尖，常具突尖头，叶缘外卷。叶近轴面为深绿色，远轴面为浅绿色，有 2 条黄绿色气孔带，中脉带密被乳头状突起，中脉与叶缘带颜色与气孔带相近，宽度相近，无光泽；每侧气孔带具气孔（12～）14～18 列，密集排列成不规则线型。雄球花腋生，单生，在可育枝两侧排成行，卵形。小孢子叶 8～14 枚，盾状，各具 4～6（～8）个花粉囊。大孢子叶球腋生，单生，近无柄。假种皮初为绿色，覆盖种子的下半部，成熟时短时间内发育成杯状肉质红色假种皮。种子卵球形，微扁，具二钝棱脊，稀三钝棱脊，先端有突起的尖头。

▶**物 候 期**　花期 2—3 月，种子 9—10 月成熟。

▶**分　　布**　西藏、云南、四川；尼泊尔、印度、缅甸。

▶**生　　境**　生于海拔 1900～3100 m 的常绿阔叶林、针叶林或针阔混交林中。

▶**用　　途**　药用、材用、观赏。

▶**致危因素**　生境破碎化或丧失、森林砍伐、自然种群过度采集。

红豆杉

（红豆杉科　Taxaceae）

Taxus chinensis (Pilg.) Rehder

国家重点保护级别	CITES 附录	IUCN 红色名录
一级	附录 II	濒危（EN）

▶**形态特征**　灌木或乔木。树皮薄，红褐色、紫褐色或灰褐色，裂成条状或不规则片状脱落。叶在小枝上螺旋状着生，基部多扭转成 2 列，有短柄或近无柄，与小枝的夹角为 70°～90°，排列较密；叶条形，直或微弯，叶缘常平行，不外卷，上部微渐窄，先端常急尖，厚革质。叶近轴面为深绿色；叶片远轴面中脉有密生的乳头状突起，中脉与叶缘带颜色相似，无光泽，叶下面为黄绿色，有 2 条黄绿色气孔带，气孔在气孔带上密集分布，通常有气孔（9～）12～15 列。雄球花叶腋单生，卵形，具短梗，小孢子叶 8～14 枚，具 4～6（～8）个花粉囊。大孢子叶球腋生，单生或成对。假种皮初为绿色，覆盖种子的下半部，成熟时在较短时间内发育成杯状肉质红色或橘红色假种皮。种子卵球形，稍扁，上部常具二钝棱脊，先端有突起的短尖头。

▶**物 候 期**　花期 2—3 月，种子 9—10 月成熟。

▶**分　　布**　四川、重庆、甘肃、陕西、湖北、湖南、安徽、江西。中国特有种。

▶**生　　境**　生长于海拔 1000～2000（～2400）m 的常绿阔叶林或落叶阔叶林中。

▶**用　　途**　药用、材用、观赏。

▶**致危因素**　生境破碎化或丧失、森林砍伐和土地利用、自然种群过度采集。

南方红豆杉

（红豆杉科　Taxaceae）

Taxus mairei (Lemée & H.Lév.) S.Y.Hu

国家重点保护级别	CITES 附录	IUCN 红色名录
一级	附录 II	濒危（EN）

▶**形态特征**　乔木。树皮薄，淡红色、紫褐色或灰色，裂成条状或不规则片状脱落。叶在小枝上螺旋状着生，有短柄或近无柄，排成 2 列，较疏松；叶披针形，常呈"S"形或镰形，叶缘平行达 2/3 或 3/4 处开始变窄，薄革质；先端急渐尖，无突尖头，叶缘平直。叶近轴面为深绿色，叶远轴面为浅绿色，有 2 条淡黄绿色气孔带，中脉带上无乳头状突起，叶缘带比中脉宽或近等宽；每侧气孔带具气孔 10～17 列，排成不规则线型。小孢子叶 8～14 枚，盾状，各具 4～6（～8）个花粉囊。大孢子叶球腋生，成对，但通常仅一个能正常发育。假种皮初为绿色，覆盖种子的下半部，成熟时短时间内发育成杯状肉质红色或橘色（完全覆盖种子，只露出顶端）的假种皮。种子卵形，微扁，具二钝棱脊，先端有突起的尖头。

▶**物 候 期**　花期 1—3 月，种子 9—11 月成熟。

▶**分　　布**　云南、四川、重庆、贵州、广西、广东、福建、江西、浙江、安徽、湖南、湖北、台湾；越南南部、缅甸、尼泊尔、不丹、印度、马来西亚、印度尼西亚。

▶**生　　境**　生于海拔 100～2000 m 的常绿阔叶林或针阔混交林中。

▶**用　　途**　药用、材用、观赏。

▶**致危因素**　生境破碎化或丧失、自然种群过度采集。

大盘山榧树

（红豆杉科　Taxaceae）

Torreya dapanshanica X.F. Jin, Y.F. Lu & Zi L. Chen

国家重点保护级别	CITES 附录	IUCN 红色名录
二级		极危（CR）

▶**形态特征**　小型乔木，高 5 ~ 8 m，直径可达 25 cm。树皮灰褐色，不规则纵裂。叶条形至线形，交叉着生，长 1.9 ~ 6.9 cm，宽 2.7 ~ 3.2 mm，先端微凸尖或微渐尖，具刺状短尖头，基部楔形，上面通常有 2 条较明显的凹槽，延伸至顶部，下面气孔带褐色，与中脉带近等宽；叶柄黄褐色，长约 1 mm。雄球花腋生，卵球形，长 9 ~ 12 mm，宽 7 ~ 9 mm，小孢子叶 42 ~ 56 枚，雄蕊常具 4 花药；药囊黄色，椭球形，长 1.2 ~ 1.5 mm，宽 0.8 mm。种子（含假种皮）倒卵球形，长 3.5 ~ 4 cm，直径 2 ~ 2.5 cm，顶端具小凸尖，基部有宿存的苞片；种皮木质，坚硬，具不规则浅沟；胚乳周围显著地向内深皱。

▶**物　候　期**　雄花序花期 4—7 月，种子 9—10 月成熟。

▶**分　　　布**　浙江磐安县大盘山。

▶**生　　　境**　生于海拔 420 m 的沟边林中。

▶**用　　　途**　木材可制作家具、农具等；种子可榨油。

▶**致危因素**　森林砍伐、生境退化或丧失。

巴山榧树

（红豆杉科　Taxaceae）

Torreya fargesii Franch.

国家重点保护级别	CITES 附录	IUCN 红色名录
二级		易危（VU）

▶**形态特征**　乔木。树皮深灰色，不规则纵裂；一年生枝绿色，二、三年生枝呈黄绿色或黄色，稀淡褐黄色。叶条形，稀条状披针形，通常直，长 1.3 ~ 3 cm，先端微凸尖或微渐尖，具刺状短尖头，基部微偏斜，宽楔形，上面通常有 2 条较明显的凹槽，延伸不达中部以上，稀无凹槽，下面气孔带较中脉带为窄，绿色边带较宽，约为气孔带的 2 倍。雄球花卵球形，基部的苞片背部具纵脊，雄蕊常具 4 个花药，花丝短，药隔三角状，边具细缺齿。种子卵球形、圆球形或宽椭球形，肉质假种皮微被白粉，顶端具小凸尖，基部有宿存的苞片；骨质种皮的内壁平滑；胚乳周围显著地向内深皱。

▶**物 候 期**　花期 4—5 月，种子 9—10 月成熟。

▶**分　　布**　陕西、安徽、江西、湖南、湖北、四川。

▶**生　　境**　生于海拔 1000 ~ 1800 m 的针、阔叶林中。

▶**用　　途**　木材可制作家具、农具等；种子可榨油。

▶**致危因素**　生境退化或丧失、森林砍伐。

▶**备　　注**　有 1 个变种，**四川榧树 *Torreya fargesii* subsp. *parvifolia* Silba.**，小乔木。叶较小，长（ 1.2 ~ ）1.5 ~ 2 cm，宽 2.2 ~ 3 mm，先端具短尖头，基部圆形或圆楔形，上面仅下部有 2 条不明显的纵槽，下面 2 条灰白色气孔带较宽，其宽度与中脉和绿色边带近相等；带假种皮，种子倒卵球形或稀近圆球形，直径 1.6 ~ 2 cm。

195

榧树

（红豆杉科　Taxaceae）

Torreya grandis Fortune ex Lindl.

国家重点保护级别	CITES 附录	IUCN 红色名录
二级		无危（LC）

▶**形态特征**　乔木。树皮浅黄灰色、深灰色或灰褐色，不规则纵裂；一年生枝绿色，无毛，二、三年生枝黄绿色、淡褐黄色或暗绿黄色，稀淡褐色。叶条形，排成 2 列，通常直，长 1.1 ~ 2.5 cm，先端凸尖，气孔带常与中脉带等宽，绿色边带与气孔带等宽或稍宽。雄球花圆柱状，基部的苞片有明显的背脊，雄蕊多数，各有 4 个花药，药隔先端宽圆有缺齿。种子椭球形、卵球形、倒卵球形或长椭球形，有白粉，顶端微凸，基部具宿存的苞片，胚乳微皱。

▶**物　候　期**　花期 4 月，种子次年 10 月成熟。

▶**分　　布**　安徽、江苏、江西、浙江、湖南、贵州、福建。

▶**生　　境**　生于海拔 1400 m 以下的黄壤、红壤、黄褐土地区。

▶**用　　途**　木材可用作建筑、船只、家具等材料，种子可榨食用油，假种皮可提炼芳香油。

▶**致危因素**　生境退化或丧失、森林砍伐。

▶**备　　注**　九龙山榧树 *Torreya gran-dis* var. *jiulongshanensis* Zhi Y. Li, Z.C. Tang & N. Kang，叶片长 2.5 ~ 4.5 cm，种子的假种皮倒卵球状圆锥形，先端圆形，骤尖。

长叶榧树

Torreya jackii Chun

（红豆杉科　Taxaceae）

国家重点保护级别	CITES 附录	IUCN 红色名录
二级		濒危（EN）

▶**形态特征**　乔木。树皮灰色或深灰色，裂成不规则的薄片脱落，露出淡褐色的内皮；小枝平展或下垂，一年生枝绿色，后渐变成绿褐色，二、三年生枝红褐色，有光泽。叶排成 2 列，质硬，条状披针形，上部多向上方微弯，镰状，长 3.5 ~ 9 cm，宽 3 ~ 4 mm，上部渐窄，先端有渐尖的刺状尖头，基部渐窄，楔形，有短柄，上面为光绿色，有 2 条浅槽及不明显的中脉，下面为淡黄绿色，中脉微隆起，气孔带为灰白色。种子倒卵球形，肉质假种皮被白粉，顶端有小凸尖，基部有宿存苞片，胚乳周围向内深皱。

▶**物候期**　种子秋季成熟。

▶**分　　布**　江西、浙江、福建。

▶**生　　境**　生于海拔 400 ~ 1000 m 的林中。

▶**用　　途**　木材可用作工艺品、器具及农具等材料，种子可榨油，可作庭院树种。

▶**致危因素**　生境退化或丧失、自身更新能力有限、直接采挖或砍伐。

云南榧树

Torreya yunnanensis W.C. Cheng & L.K. Fu

国家重点保护级别	CITES 附录	IUCN 红色名录
二级		濒危（EN）

▶**形态特征**　乔木。树皮不规则纵裂；小枝无毛，微有光泽；冬芽芽鳞质地较厚，交叉对生，具明显的背脊。叶基部扭转成 2 列，条形或披针状条形，长 2 ~ 3.6 cm，上部常向上方稍弯，微呈镰状，先端渐尖，有刺状长尖头，基部宽楔形，上面有 2 条常达中上部的纵凹槽，下面中脉平或下凹，每边有 1 条较中脉带窄或等宽的气孔带；边带较宽，约为气孔带的 2 ~ 3 倍。雄球花单生叶腋，具 8 ~ 12 对交叉对生的苞片；雌球花成对生于叶腋，无梗。种子顶端有凸起的短尖头，种皮木质或骨质，外部平滑，内壁有 2 条对生的纵脊，胚乳周围向内深皱，两侧各有 1 条纵凹槽，与种皮内壁两侧的纵脊相嵌合，顶端有长椭圆形、深褐色凹痕，中央有极小的尖头。

▶**物 候 期**　花期 5 月，种子次年 9—10 月成熟。

▶**分　　布**　云南。

▶**生　　境**　生于海拔 2000 ~ 3400 m 的高山地带。

▶**用　　途**　木材可用作房屋、桥梁、器具、家具、农具等材料，种子可榨油供工业用。

▶**致危因素**　生境退化或丧失、自身更新能力有限、过度砍伐。

百山祖冷杉

（松科　Pinaceae）

Abies beshanzuensis M.H. Wu

国家重点保护级别	CITES 附录	IUCN 红色名录
一级		极危（CR）

▶**形态特征**　乔木。树皮灰白色,不规则龟裂;大枝平展;小枝对生,稀三枝轮生,基部围有宿存芽鳞,主干及直立枝上的小枝交叉对生,一年生枝淡黄色或黄灰色,无毛或凹槽中有疏毛;冬芽卵圆形。叶条形,在侧枝上排成2列,或枝条下面的叶排成2列,先端有凹缺,下面有2条白色气孔带;横切面有2个边生树脂道或生于两侧端的叶肉薄壁组织内。雌球花圆柱形,苞鳞上部向后反曲。球果圆柱形,成熟前绿色至淡黄绿色,熟后淡褐黄色或淡褐色;苞鳞稍短于种鳞或几相等长,上部近圆形,边缘有细齿,先端露出、反曲,尖头短,中部收缩或窄缩呈条状。种子倒三角状,具与种子等长而宽大的膜质种翅,翅端平截。

▶**物候期**　花期5月,球果11月成熟。

▶**分　　布**　浙江。

▶**生　　境**　生于海拔1700 m以上的林中。

▶**用　　途**　未知。

▶**致危因素**　生境退化或丧失、自身更新能力有限、种间影响。

资源冷杉

（松科　Pinaceae）

Abies beshanzuensis var. *ziyuanensis* (L.K. Fu & S.L. Mo) L.K. Fu & Nan Li

国家重点保护级别	CITES 附录	IUCN 红色名录
一级		濒危（EN）

▶**形态特征**　乔木。树皮龟状浅裂；一年生枝无毛或叶枕之间的凹槽内有短毛。冬芽圆锥形或圆锥状卵圆形，芽鳞背具钝脊，被薄层灰白色树脂。叶条形，基部扭转成彼此重叠而长短不一的 2 列，先端有凹缺，下面有 2 条较绿色边带宽 3～4 倍的粉白色气孔带，干后边缘反曲；横切面靠近两端下表皮各有 1 个边生树脂道。球果长椭圆状圆柱形，成熟前为绿色或绿黄色，成熟后为暗绿褐色或暗褐色；球果中部的种鳞扇状四边形，长 2.3～2.5 cm，宽 3～3.3 cm，外露部分先端宽圆，边缘不内曲；苞鳞上部宽大，近方圆形，宽 9～10 mm，先端露出部分短而宽圆，向后反曲；种子倒三角状，具色泽较深的树脂块，上端有短膜质突起，种翅倒三角状，较种子长 1 倍以上，上面为淡紫黑灰色，有光泽，下面为淡紫浅褐色。

▶**物　候　期**　花期 5 月，球果 10 月成熟。

▶**分　　　布**　江西、湖南、广西。

▶**生　　　境**　生于海拔 1400～1800 m 的山地林中。

▶**用　　　途**　未知。

▶**致危因素**　生境退化或丧失、自身更新能力有限。

秦岭冷杉

Abies chensiensis Tiegh.

（松科 Pinaceae）

国家重点保护级别	CITES 附录	IUCN 红色名录
二级		易危（VU）

▶**形态特征** 乔木。一年生枝淡黄灰色、淡黄色或淡褐黄色，无毛或凹槽中有稀疏细毛，二、三年生枝淡黄灰色或灰色；冬芽圆锥形，有树脂。叶在枝上排成 2 列或近 2 列状，条形，上面为深绿色，下面有 2 条白色气孔带；果枝的叶先端尖或钝，树脂道中生或近中生，营养枝及幼树的叶较长，先端 2 裂或微凹，树脂管边生。球果圆柱形或卵状圆柱形，近无梗，中部种鳞肾形，鳞背露出部分密生短毛；苞鳞长约种鳞的 3/4，不外露，上部近圆形，边缘有细缺齿，中央有短急尖头，中下部近等宽，基部渐窄；种子较种翅为长，倒三角状椭球形，种翅宽大，倒三角形。

▶**物 候 期** 花期 5—6 月，球果 9—10 月成熟。

▶**分　　布** 河南、陕西、甘肃、湖北、四川、云南、西藏。

▶**生　　境** 生于海拔 2300～3000 m 的地带。

▶**用　　途** 木材可用作建筑材料。

▶**致危因素** 生境退化或丧失、自身更新能力有限、森林砍伐。

梵净山冷杉

（松科　Pinaceae）

Abies fanjingshanensis W.L. Huang, Y.L. Tu & S.Z. Fang

国家重点保护级别	CITES 附录	IUCN 红色名录
一级		濒危（EN）

▶**形态特征**　乔木。树皮暗灰色；一年生枝红褐色，无毛。叶长 1～4.3 cm，宽 2～3 mm，先端凹缺，上面无气孔带，下面气孔带为粉白色；树脂道 2 个，在营养枝上为边生，果枝上则位于叶横切面近两端的叶肉薄壁组织中，近边生；球果圆柱形，成熟前为紫褐色，成熟时为深褐色，长 5～6 cm，直径约 4 cm，具短柄，中部种鳞肾形，鳞背露出部分密被短毛；苞鳞长为种鳞的 4/5，上部宽圆，先端微凹或平截，凹处有由中肋延伸的短尖，不露出，稀部分露出，种子长卵球形，微扁，种翅褐色或灰褐色。

▶**物 候 期**　花期 5 月，球果 9—11 月成熟。

▶**分　　布**　贵州。

▶**生　　境**　生于海拔 2100～2350 m 的亚高山针阔混交林和灌丛草甸带。

▶**用　　途**　未知。

▶**致危因素**　生境退化或丧失、自身更新能力有限。

元宝山冷杉

（松科 Pinaceae）

Abies yuanbaoshanensis Y.J. Lu & L.K. Fu

国家重点保护级别	CITES 附录	IUCN 红色名录
一级		极危（CR）

▶**形态特征** 乔木。树皮暗红色，龟裂；一年生枝黄褐色或淡褐色，无毛；冬芽圆锥形。叶常呈半圆形辐射排列，长 1~2.7 cm，宽 1.8~2.5 mm，先端钝有凹缺，下面有 2 条粉白色气孔带，树脂道 2 个，边生；苞片明显外露和下弯，具有小尖端的先端；球果短圆柱形，长 8~9 cm，直径 4.5~5 cm，成熟时为淡褐黄色；中部种鳞扇状四边形，上部中间较厚，边缘微内曲，外露部分密被灰白色短毛；苞鳞中部较上部宽，明显外露而反曲；种子倒三角状椭球形，种翅长约为种子的 2 倍，倒三角形，淡黑褐色；种子球果短圆筒状，暴露部分密被苍白短柔毛，边缘下弯，在基部侧向耳，远端部分增厚。

▶**物 候 期** 花期 5 月，球果 10 月成熟。

▶**分 布** 广西。

▶**生 境** 生于海拔 1700~2100 m 的林中。

▶**用 途** 未知。

▶**致危因素** 生境退化或丧失、物种自身因素、环境污染。

银杉

（松科　Pinaceae）

Cathaya argyrophylla Chun & Kuang

国家重点保护级别	CITES 附录	IUCN 红色名录
一级		易危（VU）

▶**形态特征**　乔木。树皮暗灰色，老时裂成不规则的薄片；大枝平展，小枝节间上端生长缓慢、较粗。叶螺旋状着生成辐射伸展，在枝节间的上端排列紧密，呈簇生状，在其之下侧疏散生长，下面沿中脉两侧具极显著的粉白色气孔带；叶条形，镰状弯曲或直，先端圆，基部渐窄成不明显的叶柄。雄球花开放前为长椭圆状卵球形，盛开时为穗状圆柱形；雌球花为卵球形或长椭圆状卵球形，珠鳞近圆形或肾状扁圆形，苞鳞为三角状扁圆形或三角状卵形。球果成熟前为绿色，成熟时由栗色变暗褐色，卵球形、长卵球形或长椭球形，种鳞 13～16 枚，近圆形或带扁圆形至卵状圆形；苞鳞长达种鳞的 1/4～1/3。种子略扁，斜倒卵球形，基部尖，种翅膜质，呈不对称的长椭圆形或椭圆状倒卵形。

▶**物 候 期**　花期 5 月，球果 10 月成熟。

▶**分　　布**　湖南、湖北、重庆、贵州、广西。

▶**生　　境**　生于海拔 900～1900 m 的斜坡或山脊上。

▶**用　　途**　木材可用作建筑、家具等材料。

▶**致危因素**　自身更新能力有限。

黄枝油杉

（松科 Pinaceae）

Keteleeria davidiana var. *calcarea* (W.C. Cheng & L.K. Fu) Silba

国家重点保护级别	CITES 附录	IUCN 红色名录
二级		濒危（EN）

▶**形态特征** 乔木。高达 20 m，胸径为 80 cm；树皮黑褐色或灰色，纵裂，成片状剥落；小枝无毛或近于无毛，叶脱落后，留有近圆形的叶痕，一年生枝黄色，二、三年生枝呈淡黄灰色或灰色；冬芽圆球形。叶条形，在侧枝上排成 2 列，长 2 ~ 3.5 cm，宽 3.5 ~ 4.5 mm，稀长达 4.5 cm，宽5 mm，两面中脉隆起，先端钝或微凹，基部楔形，有短柄，上面光绿色，无气孔线，下面沿中脉两侧各有 18 ~ 21 条气孔线，有白粉；横切面上面有一层连续排列的皮下层细胞，其下常有少数散生的皮下层细胞，两端角部三层，下面两侧及中部一层。球果圆柱形；中部的种鳞斜方状圆形或斜方状宽卵形，上部圆，间或先端微平，边缘向外反曲，稀不反曲而先端微内曲，鳞背露出部分有密生的短毛，基部两侧耳状；鳞苞中部微窄，下部稍宽，上部近圆形，先端 3 裂，中裂窄三角形，侧裂宽圆，边缘有不规则的细齿。种翅中下部或中部较宽，上部较窄。

▶**物 候 期** 种子 10—11 月成熟。

▶**分 布** 广西、贵州。

▶**生 境** 生于海拔 200 ~ 1100 m 的石灰岩山地。

▶**用 途** 木材可用作建筑、家具材料。

▶**致危因素** 生境退化或丧失。

台湾油杉

Keteleeria davidiana var. *formosana* (Hayata) Hayata

国家重点保护级别	CITES 附录	IUCN 红色名录
二级		极危（CR）

▶**形态特征**　乔木。树皮粗糙，暗灰褐色或深灰色，不规则纵裂；树冠广圆锥形；冬芽纺锤状卵球形、卵球形或椭球形；一年生枝有密生乳头状突起，干后呈淡红褐色或淡褐色，二、三年生时为淡黄褐色。叶条形，在侧枝上排成 2 列，长 1.5 ~ 4 cm，宽 2 ~ 4 mm，先端尖或钝，稀平截或微凹，基部楔形，上面为光绿色，中脉两侧有连续或不连续的气孔线 2 ~ 4 条，或无气孔线，下面为淡绿色，中脉两侧各有气孔线 10 ~ 13 条；幼树小枝或萌生枝有毛。球果短圆柱形，中部的种鳞为斜方形或斜方状圆形，上部边缘向外反曲，鳞背露出部分无毛；苞鳞上部微圆，成不明显的 3 裂；种翅中下部较宽，上部渐窄。

▶**物 候 期**　花期 3 月，球果秋季成熟。

▶**分　　布**　台湾。

▶**生　　境**　生于海拔 300 ~ 900 m 的低山区。

▶**用　　途**　木材可用作桥梁等建筑材料。

▶**致危因素**　生境退化或丧失、自身更新能力有限。

海南油杉

（松科　Pinaceae）

Keteleeria hainanensis Chun et Tsiang

国家重点保护级别	CITES 附录	IUCN 红色名录
二级		易危（VU）

▶**形态特征**　乔木。高达 30 m，胸径为 60 ~ 100 cm；树皮淡灰色至褐色，粗糙，不规则纵裂；小枝无毛，一、二年生枝为淡红褐色，三、四年生枝呈灰褐色或灰色，有裂纹；冬芽卵球形。叶基部扭转成不规则的 2 列，条状披针形或近条形，两端渐窄，先端钝，通常微弯，稀较直，长 5 ~ 8 cm，宽 3 ~ 4 mm，上面沿中脉两侧各有 4 ~ 8 条气孔线，下面有 2 条气孔带，无白粉；幼树及萌生枝的叶长达 14 cm，宽达 9 mm，上面中脉两侧无气孔线；叶柄短，柄端微膨大呈盘状。雄球花 5 ~ 8 个簇生枝顶或叶腋，长约 7 mm。球果圆柱形，成熟时种鳞张开后通常中上部或中部较宽，中下部渐窄，长 14 ~ 18 cm，直径约 7 cm；中部种鳞斜方形或斜方状卵形，长约 4 cm，宽 2.5 ~ 3 cm，鳞背露出部分无毛，先端钝或微凹，两侧边缘较薄，微反曲；苞鳞长约为种鳞的一半，上部近圆形，中有长裂，窄三角形，长约 2.5 mm。种子近三角状椭球形，长 14 ~ 16 mm，直径为 6 ~ 7 mm，种翅中下部较宽，13 ~ 14 mm，上部渐窄，先端钝，连同种子几与种鳞等长。

▶**物　候　期**　球果冬季成熟。

▶**分　　　布**　海南。

▶**生　　　境**　生于海拔 1000 ~ 1400 m 的山区。

▶**用　　　途**　木材可用作建筑、家具材料。

▶**致危因素**　生境退化或丧失。

柔毛油杉

Keteleeria pubescens W.C. Cheng & L.K. Fu

国家重点保护级别	CITES 附录	IUCN 红色名录
二级		易危（VU）

▶**形态特征**　乔木。树皮暗褐色或褐灰色，纵裂；一至二年生枝为绿色，有密生短柔毛，干后枝呈深褐色或暗红褐色，毛呈锈褐色。叶条形，在侧枝上排成不规则的 2 列，先端钝或微尖，主枝及果枝的叶辐射伸展，先端尖或渐尖，长 1.5~3 cm，宽 3~4 mm，上面中脉隆起，无气孔线，下面沿中脉两侧各有 23~35 条气孔线。球果成熟前为淡绿色，有白粉，短圆柱形或椭圆状圆柱形，长 7~11 cm，直径 3~3.5 cm；中部的种鳞近五角状圆形，长约 2 cm，上部宽圆，中央微凹，背面露出部分有密生短毛，边缘微向外反曲；苞鳞长约为种鳞的 2/3，中部窄，下部稍宽，上部宽圆。近倒卵形，先端 3 裂，中裂呈窄三角状刺尖，长约 3 mm，侧裂宽短，先端三角状，外侧边缘较薄，有不规则细齿。种子具膜质长翅，种翅近中部或中下部较宽，连同种子与种鳞等长。

▶**物候期**　花期 4 月，球果 10 月成熟。

▶**分　布**　广西（罗城、宜州）、贵州（黎平、从江）。

▶**生　境**　生于海拔 600~1100 m 的气候温暖，土层深厚、湿润的山地。

▶**用　途**　木材可用作建筑、家具、船舱等材料，可作绿化树种。

▶**致危因素**　生境退化或丧失。

大果青杆

（松科　Pinaceae）

Picea neoveitchii Mast.

国家重点保护级别	CITES 附录	IUCN 红色名录
二级		易危（VU）

▶**形态特征**　乔木。树皮灰色，裂成鳞状块片脱落；一年生枝较粗，淡黄色或微带褐色，无毛；冬芽卵球形或圆锥状卵球形，微有树脂，芽鳞为淡紫褐色，排列紧密，小枝基部宿存芽鳞的先端紧贴小枝，不斜展。叶四棱状条形，两侧扁，先端锐尖，四边有气孔线，上面每边 5～7 条，下面每边 4 条。球果矩圆状圆柱形或卵状圆柱形，成熟前为绿色，有树脂，成熟时为淡褐色或褐色，稀带黄绿色；种鳞宽大，宽倒卵状五角形，斜方状卵形或倒三角状宽卵形，先端宽圆或微呈三角状，边缘薄，有细缺齿或近全缘，中部种鳞长约 2.7 cm，宽 2.7～3 cm；苞鳞短小。种子倒卵球形，种翅宽大，倒卵状。

▶**物 候 期**　花期 5 月，球果 9—10 月成熟。

▶**分　　布**　山西、河南、陕西、甘肃、湖北、四川。

▶**生　　境**　生于海拔 1300～2000 m 的林中或岩缝。

▶**用　　途**　木材可用作建筑、电杆、土木工程、器具、家具及木纤维工业原材料等。

▶**致危因素**　生境退化或丧失、自身更新能力有限。

大别山五针松

（松科　Pinaceae）

Pinus dabeshanensis W.C. Cheng & Y.W. Law

国家重点保护级别	CITES 附录	IUCN 红色名录
一级		易危（VU）

▶**形态特征**　乔木。树皮棕褐色，浅裂成不规则的小方形薄片脱落；枝条开展，树冠尖塔形；一年生枝为淡黄色或微带褐色，表面常具薄蜡层，无毛，有光泽。针叶 5 针一束，长 5~14 cm，背面无气孔线，仅腹面每侧有 2~4 条灰白色气孔线；横切面三角形，背部有 2 个边生树脂道，腹面无树脂道；叶鞘早落。球果圆柱状椭球形，长约 14 cm，成熟时种鳞张开；鳞盾淡黄色，斜方形，有光泽，上部宽三角状圆形，先端圆钝，边缘薄，显著地向外反卷，鳞脐不显著，下部底边宽楔形。种子淡褐色，倒卵状椭球形，上部边缘具极短的木质翅，种皮较薄。

▶**物候期**　花期 4 月，球果次年 9—10 月成熟。

▶**分　布**　河南、安徽、湖北。

▶**生　境**　生于海拔 900~1400 m 的山坡或悬岩石缝间。

▶**用　途**　木材可用作建筑、枕木、家具及木纤维工业原材料，树干可割取树脂，树皮可提取栲胶，针叶可提炼芳香油，种子可食用，亦可榨油供食用或作为工业用油。

▶**致危因素**　生境退化或丧失、种间竞争、森林砍伐。

兴凯赤松

（松科　Pinaceae）

Pinus densiflora var. *ussuriensis* Liou & Q.L. Wang

国家重点保护级别	CITES 附录	IUCN 红色名录
二级		易危（VU）

▶**形态特征**　乔木。树皮为红褐色或黄褐色，树干上部的皮呈淡褐黄色；一年生枝为淡褐色或淡黄褐色，新枝被白粉，三年生枝的外皮脱落，露出红色内皮；冬芽为赤褐色，长卵球形，顶端尖，稍有树脂。针叶 2 针一束，边缘有细锯齿，两面均有气孔线；横切面半圆形，单层皮下层细胞，维管束鞘横矩圆形，约具 8 个边生树脂道；叶鞘深褐色；雌球花有短梗，下弯。球果长卵球形或椭圆状卵球形，成熟时为淡黄褐色或淡褐色，有短梗，下弯；中部种鳞长椭圆状卵形，鳞盾斜方形，肥厚隆起或较平，纵脊、横脊显著，球果中下部种鳞的鳞盾隆起向后反曲或平，鳞脐褐色，平或微突起，有短刺。种子倒卵球形，微扁，淡褐色有黑色斑纹，种翅下部宽，上部渐窄，先端钝尖。

▶**物 候 期**　花期 5—6 月，球果次年 9—10 月成熟。

▶**分　　布**　黑龙江、吉林、辽宁；俄罗斯。

▶**生　　境**　生于湖边沙丘上及山顶石砾土上。

▶**用　　途**　木材可用作造纸、枕木及建筑等材料。

▶**致危因素**　过度砍伐。

红松

（松科 Pinaceae）

Pinus koraiensis Siebold & Zucc.

国家重点保护级别	CITES 附录	IUCN 红色名录
二级		

▶**形态特征** 乔木。幼树树皮灰褐色，近平滑，大树树皮灰褐色或灰色，纵裂成不规则的长方鳞状块片；一年生枝密被黄褐色或红褐色柔毛。针叶 5 针一束，长 6～12 cm，粗硬，直，边缘具细锯齿，背面通常无气孔线，腹面每侧具 6～8 条淡蓝灰色的气孔线；横切面近三角形，树脂道 3 个，中生，位于 3 个角部；叶鞘早落。雄球花椭圆状圆柱形，多数密集于新枝下部呈穗状；雌球花直立，单生或数个集生于新枝近顶端。球果长 9～14 cm，成熟后种鳞不张开，或稍微张开而露出种子，但种子不脱落；种鳞菱形，上部渐窄而开展，先端钝，向外反曲。种子大，无翅或顶端及上部两侧微具棱脊。

▶**物　候　期** 花期 6 月，球果次年 9—10 月成熟。

▶**分　　布** 黑龙江、吉林；日本、朝鲜、俄罗斯。

▶**生　　境** 生于海拔 150～1800 m 的林中。

▶**用　　途** 木材可用作建筑、舟车、桥梁、枕木、电杆、家具、板材及木纤维工业原材料，木材及树根可提松节油，树皮可提栲胶，种子可食用、可榨油供食用，或供制肥皂、油漆、润滑油等用，亦可供药用。

▶**致危因素** 生境退化或丧失、过度砍伐。

华南五针松

（松科　Pinaceae）

Pinus kwangtungensis Chun ex Tsiang

国家重点保护级别	CITES 附录	IUCN 红色名录
二级		

▶**形态特征**　乔木。幼树树皮光滑，老树树皮褐色，裂成不规则的鳞状块片；小枝无毛。针叶 5 针一束，长 3.5 ~ 7 cm，直径 1 ~ 1.5 mm，先端尖，边缘有疏生细锯齿，仅腹面每侧有 4 ~ 5 条白色气孔线；横切面三角形，树脂道 2 ~ 3 个，背面 2 个边生，有时腹面 1 个中生或无；叶鞘早落。球果柱状矩球形或圆柱状卵形，通常单生，成熟时为淡红褐色，微具树脂，通常长 4 ~ 9 cm，直径 3 ~ 6 cm，梗长 0.7 ~ 2 cm；种鳞楔状倒卵形，通常长 2.5 ~ 3.5 cm。种子椭球形或倒卵形，长 8 ~ 12 mm，连同种翅与种鳞近等长。

▶**物候期**　花期 4—5 月，球果次年 10 月成熟。

▶**分　　布**　河南、安徽、湖北、贵州、四川、广东、广西、海南；越南。

▶**生　　境**　生于海拔 700 ~ 1600 m 的山坡或山脊上。

▶**用　　途**　木材可用作建筑、枕木、电杆、矿柱及家具等材料，亦可提取树脂。

▶**致危因素**　生境退化或丧失、过度砍伐。

雅加松

（松科　Pinaceae）

Pinus massoniana var. *hainanensis* W.C. Cheng & L.K. Fu

国家重点保护级别	CITES 附录	IUCN 红色名录
二级		易危（VU）

▶**形态特征**　乔木。树皮红褐色，裂成不规则薄片脱落；枝条平展，小枝斜上伸展；冬芽短圆柱形，褐色，无树脂。针叶 2 针一束，细而下垂，长 11 ~ 16 cm，宽约 1 mm，边缘具细锯齿，浅绿色，两面均有气孔线，横切面半圆形，有 4 ~ 8 个边生树脂道，基部有宿存的叶鞘。球果单生或 2 ~ 4 个生于一年生枝基部，有短梗，下垂，卵状圆柱形，成熟时为红褐色；种鳞不张开，鳞盾平，鳞脐微凹，没有刺尖。种子长卵球形，种翅膜质。

▶**物 候 期**　球果 12 月成熟。

▶**分　　布**　海南。

▶**生　　境**　生于海拔 1300 ~ 1400 m 的林中。

▶**用　　途**　木材可用作建筑、枕木、矿柱、家具及木纤维工业（人造丝浆及造纸）原材料，树干可割取松脂，树干及根部可培养茯苓、蕈类，供中药及食用，树皮可提取栲胶。

▶**致危因素**　生境退化或丧失、森林砍伐。

巧家五针松

（松科　Pinaceae）

Pinus squamata X.W. Li

国家重点保护级别	CITES 附录	IUCN 红色名录
一级		极危（CR）

▶**形态特征**　乔木。幼树为灰绿色,幼时平滑,老树树皮为暗褐色,呈不规则薄片剥落,内皮暗白色;冬芽卵球形,红褐色,具树脂;一年生枝红褐色,密被黄褐色及灰褐色柔毛,稀有长柔毛及腺体,二年生枝淡绿褐色,无毛;针叶（4～）5 针一束,长 9～17 cm,直径约 0.8 mm,两面具气孔线,边缘有细齿,树脂道 3～5 个,边生,叶鞘早落;成熟球果圆锥状卵球形;种鳞长圆状椭圆形,成熟时张开,鳞盾显著隆起,鳞脐背生,凹陷,无刺,横脊明显。种子长球形或倒卵球形,黑色,种翅具黑色纵纹。

▶**物 候 期**　花期 4—5 月,球果次年 9—10 月成熟。

▶**分　　布**　云南。

▶**生　　境**　生于海拔 2200 m 的林中。

▶**用　　途**　未知。

▶**致危因素**　生境退化或丧失、自身更新能力有限、种间影响。

长白松

Pinus sylvestris var. *sylvestriformis* (Taken.) W.C. Cheng & C.D. Chu

国家重点保护级别	CITES 附录	IUCN 红色名录
二级		极危（CR）

▶**形态特征**　乔木。树干通直平滑，基部稍粗糙，棕褐色带黄色，龟裂，中下部以上树皮棕黄色至金黄色，裂成鳞状薄片剥落；冬芽卵球形，芽鳞红褐色，有树脂；一年生枝无白粉。针叶 2 枚一束，长 5～8 cm，较粗硬，直径 1～1.5 mm；横切面扁半圆形，单层皮下层细胞，维管束之间的距离较宽，树脂道 4～8 个，边生，稀角部 1～2 个中生或背面 1 个中生。一年生小球果近球形，具短梗，弯曲下垂；成熟的球果卵状圆锥形，种鳞张开后为椭圆状卵圆形或长卵圆形，鳞盾斜方形或不规则 4～5 角形，灰色或淡褐灰色，强隆起，很少微隆起或近平，鳞脐呈瘤状突起，具易脱落的短刺；种子长卵球形或三角状卵球形，种翅为淡褐色，有少数褐色条纹。

▶**物　候　期**　花期 5—6 月，球果次年 8 月成熟。

▶**分　　　布**　吉林。

▶**生　　　境**　生于海拔 800～1600 m 的山坡。

▶**用　　　途**　可作造林树种、城市绿化树。

▶**致危因素**　生境退化或丧失、自身更新能力有限、森林砍伐。

毛枝五针松

（松科　Pinaceae）

Pinus wangii Hu & W.C. Cheng

国家重点保护级别	CITES 附录	IUCN 红色名录
一级		濒危（EN）

▶**形态特征**　乔木。一年生枝为暗红褐色，较细，密被褐色柔毛，二、三年生枝呈暗灰褐色，毛渐脱落。针叶 5 针一束，粗硬，微内弯，长 2.5～6 cm，直径 1～1.5 mm，先端急尖，边缘有细锯齿，背面为深绿色，仅腹面两侧各有 5～8 条气孔线；横切面三角形，树脂道 3 个，中生，叶鞘早落。球果单生或 2～3 个集生，微具树脂或无树脂，成熟时为淡黄褐色或褐色，或暗灰褐色，矩圆状椭球形或圆柱状长卵球形，长 4.5～9 cm，直径 2～4.5 cm，梗长 1.5～2 cm；中部种鳞近倒卵形，鳞盾扁菱形，稀球果中下部的鳞盾边缘微向外曲，鳞脐不肥大，凹下。种子椭圆状卵球形，种翅偏斜。

▶**物　候　期**　花期 4 月，球果次年 10 月成熟。

▶**分　　布**　云南；越南。

▶**生　　境**　生于海拔 500～1800 m 的石灰岩山地。

▶**用　　途**　木材可用作建筑、枕木、电杆及家具等材料。

▶**致危因素**　生境退化或丧失、自身更新能力有限。

金钱松

（松科 Pinaceae）

Pseudolarix amabilis (J. Nelson) Rehder

国家重点保护级别	CITES 附录	IUCN 红色名录
二级		易危（VU）

▶**形态特征** 乔木。树皮粗糙，灰褐色，裂成不规则的鳞片状块片；枝平展，树冠宽塔形；矩状短枝生长极慢，有密集呈环节状的叶枕。叶条形，柔软，镰状或直，上部稍宽，长 2 ~ 5.5 cm，宽 1.5 ~ 4 mm，先端锐尖或尖，长枝的叶辐射伸展，短枝的叶簇状密生，平展成圆盘形，秋后叶呈金黄色。雄球花黄色，圆柱状，下垂；雌球花紫红色，直立，椭球形，有短梗。球果卵球形或倒卵球形，有短梗；中部的种鳞卵状披针形，两侧耳状，先端钝有凹缺，腹面种翅痕之间有纵脊凸起，脊上密生短柔毛，鳞背光滑无毛；苞鳞长为种鳞的 1/4 ~ 1/3。种子卵球形，白色，种翅三角状披针形。

▶**物 候 期** 花期 4 月，球果 10 月成熟。

▶**分 布** 江西、浙江、湖南、福建。

▶**生 境** 生于海拔 100 ~ 1500 m 的林中。

▶**用 途** 木材可用作建筑、板材、家具、器具及木纤维工业原材料，树皮可提栲胶，入药（俗称土槿皮）可治顽癣和食积等症，根皮亦可药用，也可作造纸胶料，种子可榨油，可作庭院树。

▶**致危因素** 生境退化或丧失。

短叶黄杉

（松科 Pinaceae）

Pseudotsuga brevifolia W.C. Cheng & L.K. Fu

国家重点保护级别	CITES 附录	IUCN 红色名录
二级		易危（VU）

▶**形态特征** 乔木。树皮为褐色，纵裂成鳞片状；一年生枝有较密的短柔毛，二、三年生枝无毛或近无毛；冬芽近圆球形，芽鳞多数，覆瓦状排列。叶近辐射伸展或排成不规则的 2 列，条形，较短，长 0.7 ~ 1.5（~ 2）cm，上面为绿色，下面中脉微隆起，有 2 条白色气孔带，气孔带由 20 ~ 25（~ 30）条气孔线所组成，绿色边带与中脉带近等宽，先端钝圆有凹缺，基部宽楔形或稍圆，有短柄。球果成熟时为淡黄褐色、褐色或暗褐色，卵状椭球形或卵球形；种鳞木质，坚硬，拱凸呈蚌壳状，中部种鳞横椭圆状斜方形，长 2.2 ~ 2.5 cm；苞鳞先端 3 裂，中裂呈渐尖的窄三角形，长约 3 mm，侧裂三角状，较中裂片稍短，外缘具不规则细锯齿。种子为斜三角状卵形，种翅为淡红褐色，有光泽，上面中部常有短毛，连同种子长约 2 cm。

▶**物 候 期** 花期 4 月，球果 10 月成熟。

▶**分 布** 贵州、广西。

▶**生 境** 生于海拔 1250 m 的向阳山坡或山顶。

▶**用 途** 木材可用作房屋建筑材料。

▶**致危因素** 生境退化或丧失。

澜沧黄杉

(松科　Pinaceae)

Pseudotsuga forrestii Craib

国家重点保护级别	CITES 附录	IUCN 红色名录
二级		濒危（EN）

▶**形态特征**　乔木。高达 40 m，胸径为 80 cm；树皮暗褐灰色，粗糙，深纵裂；大枝近平展；一年生枝为淡黄色或绿黄色（干时为红褐色），通常主枝无毛或近无毛，侧枝多少有短柔毛，二、三年生枝为淡褐色或淡褐灰色。叶条形，较长，排成 2 列，直或微弯，长 2.5 ~ 5.5 cm，宽 1.5 ~ 2 mm，先端钝有凹缺，基部楔形、扭转，近无柄，上面为光绿色，下面为淡绿色，气孔带为灰白色或灰绿色；横切面上面有一层疏散的皮下层细胞。球果卵球形或长卵球形，长 5.8 cm，直径 4 ~ 5.5 cm；中部种鳞近圆形或斜方状圆形，长 2.5 ~ 3.5 cm，宽 3 ~ 4 cm，上部圆形或宽三角状圆形，基部近圆形或楔圆形，鳞背露出部分无毛；苞鳞露出部分反曲，中裂窄长而渐尖，长 6 ~ 12 mm，侧裂三角状，长约 3 mm，外缘常有细缺齿。种子三角状卵球形，稍扁，长约 7 mm，上面无毛，下面有不规则的细小斑纹，种翅长约种子的 2 倍，中部宽，先端钝圆，种子连翅长约种鳞的一半或稍长。

▶**物　候　期**　球果 10 月成熟。

▶**分　　　布**　云南、西藏、四川。

▶**生　　　境**　生于海拔 2400 ~ 3300 m 的高山地带。

▶**用　　　途**　木材可用作房屋或桥梁建筑、车辆、家具等材料。

▶**致危因素**　过度砍伐。

华东黄杉

（松科 Pinaceae）

Pseudotsuga gaussenii Flous

国家重点保护级别	CITES 附录	IUCN 红色名录
二级		

▶**形态特征** 乔木。树皮深灰色，裂成不规则块片；一年生枝主枝无毛或有疏毛，侧枝有褐色密毛，二、三年生枝无毛；冬芽卵球形或卵状圆锥形，顶端尖，褐色。叶条形，排成2列或在主枝上近辐射伸展，直或微弯，长2～3 cm，宽约2 mm，先端有凹缺，上面为深绿色，有光泽，下面有2条白色气孔带。球果圆锥状卵球形或卵球形，微有白粉；中部种鳞肾形或横椭圆状肾形，鳞背露出部分无毛；苞鳞上部向后反伸，中裂较长，窄三角形，侧裂三角状，先端尖或钝，外缘常有细缺齿。种子三角状卵球形，微扁，上面密生褐色毛，下面有不规则的褐色斑纹，种翅与种子近等长。

▶**物 候 期** 花期4—5月，球果10月成熟。

▶**分 布** 安徽、浙江。

▶**生 境** 生于海拔600～1500 m的山区。

▶**用 途** 木材可用作建筑、家具等材料，亦可作庭院树。

▶**致危因素** 自身更新能力有限、过度砍伐。

黄杉

（松科　Pinaceae）

Pseudotsuga sinensis Dode

国家重点保护级别	CITES 附录	IUCN 红色名录
二级		易危（VU）

▶**形态特征**　乔木。幼树树皮为淡灰色，老时则为灰色或深灰色，裂成不规则厚块片。叶条形，排成 2 列，长 1.3 ~ 3（多为 2 ~ 2.5）cm，宽约 2 mm，先端钝圆有凹缺，基部宽楔形，上面为绿色或淡绿色，下面有 21 条白色气孔带。球果卵球形或椭圆状卵球形，近中部宽，两端微窄，成熟前微被白粉；中部种鳞近扇形或扇状斜方形，上部宽圆，基部宽楔形，两侧有凹缺；苞鳞露出部分向后反伸，中裂窄三角形，侧裂三角状微圆，较中裂为短，边缘常有缺齿。种子三角状卵球形，微扁，上面密生褐色短毛，下面具不规则的褐色斑纹，种翅较种子为长，先端圆，种子连翅稍短于种鳞。

▶**物 候 期**　花期 4 月，球果 10—11 月成熟。

▶**分　　布**　陕西、安徽、江西、浙江、湖南、湖北、四川、贵州、云南、福建、台湾。

▶**生　　境**　生于海拔 800 ~ 1200 m 或 1500 ~ 2800 m 的混交林中。

▶**用　　途**　木材可用作房屋建筑、桥梁、电杆、板料、家具及人造纤维等原材料。

▶**致危因素**　生境退化或丧失。

斑子麻黄

Ephedra rhytidosperma Pachom.

国家重点保护级别	CITES 附录	IUCN 红色名录
二级		濒危（EN）

▶**形态特征**　矮小灌木，近垫状。高 5 ~ 15 cm，稀达 20 ~ 30 cm，根与茎高度木质化，具短硬多瘤节的木质枝，节粗厚结状，绿色小枝细短，在节上密集、假轮生呈辐射状排列，节间细短，纵槽纹浅或较明显。叶膜质鞘状，极细小，下部 1/2 合生，上部 2 裂，裂片宽三角形，先端微钝。雄球花在节上对生，无梗，苞片通常 2 ~ 13 对，雄花的假花被倒卵圆形，雄蕊 5 ~ 8 枚，花丝全部合生；雌球花单生，苞片 2 对，稀 3 对，下部 1 对形小，上部 1 对最长，约 1/2 合生。种子通常 2 枚，较苞片为长，约 1/3 外露，椭圆状卵球形、卵球形或矩圆状卵球形，背部中央及两侧边缘有整齐明显突起的纵肋，肋间及腹面均有横列碎片状细密突起。

▶**物　候　期**　花期 5 月，种子 6 月成熟。

▶**分　　　布**　内蒙古、宁夏、甘肃。

▶**生　　　境**　生于海拔 1500 m 以下的山坡及滩地。

▶**用　　　途**　可作饲用植物、野生蜜源植物，同时具有防风蚀和山洪冲刷的作用。

▶**致危因素**　野生动物啃食。

中文名索引

拉丁名索引

图片提供者名单表

中文名	图片提供者	张数	中文名	图片提供者	张数
苏铁蕨	陈炳华、张宪春	2	灰干苏铁	陈家瑞	2
金毛狗	陈炳华、张宪春	2	长柄苏铁	蒋宏	2
中缅金毛狗	张宪春	3	多羽叉叶苏铁	陈家瑞	2
台湾金毛狗	Ralf Knapp	2	多岐苏铁	李剑武	1
翠柏	李剑武	2	攀枝花苏铁	陈家瑞	2
岩生翠柏	黄云峰、黄渝松	2	篦齿苏铁	李剑武、徐克学	2
岷江柏木	李策宏	2	苏铁	施金竹、徐克学	2
巨柏	徐克学、金效华	3	叉孢苏铁	陈家瑞、徐克学	2
西藏柏木	金效华	2	石山苏铁	徐克学	1
朝鲜崖柏	徐克学	2	单羽苏铁	李剑武	1
崖柏	张军	4	四川苏铁	徐克学、陈家瑞、李剑武	3
越南黄金柏	黄云峰	2	台东苏铁	陈家瑞、徐克学	2
红桧	林秦文、张志翔	2	广东苏铁	陈炳华、李剑武	2
福建柏	陈炳华	3	谭清苏铁	龚洵	2
中华桫椤	董仕勇	2	对开蕨	张宪春	2
兰屿桫椤	梁丹	1	光叶蕨	张宪春	2
阴生桫椤	董仕勇	2	斑子麻黄	赵利清	2
南洋桫椤	董仕勇	2	鹿角菜 *	王永强	3
桫椤	董仕勇、陈炳华	2	银杏	陈炳华、胡一民	3
毛叶桫椤	董仕勇	2	保东水韭 *	顾钰峰	4
滇南桫椤	董仕勇	2	高寒水韭 *	顾钰峰	1
平鳞黑桫椤	董仕勇	2	隆平水韭 *	严岳鸿	2
喀西桫椤	董仕勇	2	东方水韭 *	顾钰峰	1
黑桫椤	董仕勇、陈炳华	2	高山水韭 *	刘星	2
白桫椤	董仕勇	2	中华水韭 *	顾钰峰	2
笔筒树	陈炳华	2	台湾水韭 *	Allen Lyu	2
宽叶苏铁	徐克学	2	湘妃水韭 *	严岳鸿	2
叉叶苏铁	陈家瑞	2	云贵水韭 *	施金竹	2
陈氏苏铁	龚洵	2	桧叶白发藓	陈炳华	1
德保苏铁	徐克学、李剑武	2	伏贴石杉	Ralf Knapp	5
滇南苏铁	徐克学	3	亚洲石杉	张宪春	1
长叶苏铁	李剑武、蒋宏	3	曲尾石杉	张良	2
锈毛苏铁	陈家瑞	2	中华石杉	郭明	4
贵州苏铁	陈家瑞	2			

续表

中文名	图片提供者	张数	中文名	图片提供者	张数
赤水石杉	孙庆文	3	美丽马尾杉	卫然	3
皱边石杉	李策宏	1	柔软马尾杉	张宪春	1
苍山石杉	李爱莉（线条图）	1	鳞叶马尾杉	钟诗文	1
峨眉石杉	张宪春	1	粗糙马尾杉	蒋日红	5
锡金石杉	张宪春	1	细叶马尾杉	冯慧哲	3
长柄石杉	陈炳华、刘冰	2	云南马尾杉	蒋日红	1
康定石杉	朱鑫鑫	2	二回莲座蕨	朱鑫鑫	2
昆明石杉	陈思思	2	披针莲座蕨	陈思思	2
雷波石杉	李爱莉（线条图）	1	秦氏莲座蕨	张贵良、王婷	3
拉觉石杉	林秦文	2	琼越莲座蕨	舒江平	2
雷山石杉	张成、张丽兵	1	食用莲座蕨	王婷	4
凉山石杉	李爱莉（线条图）	1	莲座蕨	王瑞江	2
亮叶石杉	张宪春	3	福建莲座蕨	陈炳华	2
东北石杉	张宪春	2	楔基莲座蕨	王婷	2
苔藓林石杉	何兆荣（标本照片）	2	河口莲座蕨	王婷	2
南川石杉	陈思思	1	伊藤氏莲座蕨	严岳鸿	2
南岭石杉	严岳鸿、陈思思	2	阔羽莲座蕨	王婷	2
金发石杉	朱鑫鑫	2	海金沙叶莲座蕨	王婷	2
红茎石杉	周欣欣	1	相马氏莲座蕨	严岳鸿	2
小杉兰	张宪春	2	法斗莲座蕨	王婷	2
蛇足石杉	张宪春	3	圆基莲座蕨	王婷	2
相马石杉	张智翔	2	大围山莲座蕨	张贵良	2
四川石杉	陈炳华、张宪春	1	三岛莲座蕨	舒江平、韦宏金	2
西藏石杉	董仕勇	2	尖叶莲座蕨	王婷	2
华南马尾杉	陈炳华	1	西藏莲座蕨	严岳鸿	2
网络马尾杉	王晖	3	王氏莲座蕨	王婷	2
龙骨马尾杉	蒋日红	3	云南莲座蕨	王婷	3
柳杉叶马尾杉	张宪春、陈炳华	2	天星蕨	丁洪波、张宪春	2
杉形马尾杉	蒋日红	1	发菜	赵利清	2
金丝条马尾杉	蒋日红	1	虫草（冬虫夏草）	刘冰、张丽丽	3
福氏马尾杉	蒋日红	2	七指蕨	李剑武	1
广东马尾杉	严岳鸿	1	带状瓶尔小草	袁浪兴	2
喜马拉雅石杉	蒋日红	1	黄枝油杉	王瑞江、林秦文	2
椭圆叶马尾杉	蒋日红	4	台湾油杉	余胜坤	2
闽浙马尾杉	蒋日红、陈炳华	2	海南油杉	金效华	2
卵叶马尾杉	蒋日红	1	柔毛油杉	喻勋林	2
有柄马尾杉	金效华	2	金钱松	胡一民	2
马尾杉	蒋日红	3	短叶黄杉	许为斌	2

中文名	图片提供者	张数	中文名	图片提供者	张数
澜沧黄杉	蒋宏	2	水蕨 *	陈炳华	2
华东黄杉	胡一民	2	硇洲马尾藻 *	王永强	2
黄杉	陈炳华、安明态	2	黑叶马尾藻 *	王永强	1
台湾杉（秃杉）	叶超、陈炳华、余德会	3	耳突卡帕藻 *	王永强	2
百山祖冷杉	金孝锋	1	多纹泥炭藓 *	陈炳华	1
资源冷杉	刘演、金效华	2	粗叶泥炭藓 *	郑宝江	2
秦岭冷杉	黎斌	2	角叶藻苔	Karen	1
梵净山冷杉	徐建	2	藻苔	朱瑞良	1
元宝山冷杉	刘演	2	河口穗花杉	李攀	1
银杉	覃海宁	2	穗花杉	陈炳华	2
水松	陈炳华	2	藏南穗花杉	李爱莉（线条图）	1
水杉	刘冰	2	台湾穗花杉	余胜坤	2
大果青扦	孙学刚	5	云南穗花杉	高连明	2
大别山五针松	覃海宁、胡一民	2	海南粗榧	陈枢衡、张中扬	3
兴凯赤松	戴凤国	2	贡山三尖杉	刘成	2
红松	刘冰	2	版纳粗榧	刘成	3
华南五针松	安明态、施金竹	3	篦子三尖杉	覃海宁	2
雅加松	宋希强	2	白豆杉	陈炳华、覃海宁	2
巧家五针松	郭永杰	2	石灰岩红豆杉	高连明	2
长白松	郑宝江	3	密叶红豆杉	金效华	3
毛枝五针松	蒋宏	2	东北红豆杉	高连明	3
海南罗汉松	陈庆	2	高山红豆杉（佛洛林红豆杉）	高连明	4
短叶罗汉松	陈炳华	2	台湾红豆杉	高连明	4
柱冠罗汉松	李爱莉（线条图）	1	须弥红豆杉	高连明	3
兰屿罗汉松	王瑞江	2	红豆杉	胡一民	3
罗汉松	陈炳华	2	南方红豆杉	金效华	4
台湾罗汉松	钟诗文	3	大盘山榧树	金孝锋	2
百日青	苏享修、陈炳华	2	巴山榧树	覃海宁、胡一民	4
皮氏罗汉松	黄渝松	2	榧树	覃海宁、陈炳华	2
鹿角蕨	张宪春	2	长叶榧树	覃海宁、陈炳华	2
荷叶铁线蕨 *	张宪春	2	云南榧树	胡光万	2
焕镛水蕨 *	舒江平	1	蒙古口蘑 *	图力吉尔	1
粗梗水蕨 *	张宪春	1	松口蘑（松茸）*	王向华	3
刑氏水蕨 *	袁浪兴、舒江平	2	中华夏块菌 *	陈娟	2